跟我从零学

《五笔打字与 Word 排版》

王改性　唐　娟　朱黎明　等编著

電子工業出版社

Publishing House of Electronics Industry

北京·BEIJING

内 容 简 介

本书详细介绍了五笔字型输入法和文档处理的相关知识，并对初学者在使用电脑打字和 Word 排版时经常会遇到的问题进行了专家级的指导。全书共分 10 章，分别介绍了电脑入门基础、键盘结构与指法练习、认识汉字输入法、迈入五笔输入法殿堂、使用五笔字型输入法输入汉字、98 版五笔字型输入法、其他常用五笔输入法、使用 Word 2007 处理文档、设置文档格式和实现图文混排等内容。另外，本书每章的后面附有课后练习题，目的是着重培养读者的动手能力，使读者在实际练习的过程中能快速提高应用水平。

本书内容丰富、结构清晰、语言简练，结合办公实例，图文并茂的介绍了使用电脑打字和 Word 排版的具体操作方法。本书适合循序渐进全面掌握电脑打字和 Word 排版的初学者，也适合办公室人员和文字录入员，或者具有一定电脑基础知识的中级用户，对于今后致力于电脑办公的在校大学生，本书也会是您不错的选择。

图书在版编目（CIP）数据

五笔打字与 Word 排版 / 王改性等编著. —北京：电子工业出版社，2010.7
（跟我从零学）
ISBN 978-7-121-11250-8

Ⅰ. ①五… Ⅱ. ①王… Ⅲ. ①汉字编码，五笔字型－基本知识②文字处理系统，Word－基本知识
Ⅳ.①TP391.1

中国版本图书馆 CIP 数据核字（2010）第 125586 号

策划编辑：祁玉芹
责任编辑：鄂卫华
印　　刷：北京市天竺颖华印刷厂
装　　订：三河市鑫金马印装有限公司
出版发行：电子工业出版社
　　　　　北京市海淀区万寿路 173 信箱　邮编　100036
开　　本：787×1092　1/16　印张：15　字数：365 千字
印　　次：2010 年 7 月第 1 次印刷
定　　价：36.00 元（含光盘 1 张）

凡所购买电子工业出版社图书有缺损问题，请向购买书店调换。若书店售缺，请与本社发行部联系，联系及邮购电话：(010) 88254888。

质量投诉请发邮件至 zlts@phei.com.cn，盗版侵权举报请发邮件至 dbqq@phei.com.cn。

服务热线：(010) 88258888。

前言

FOREWORD

在当今这个快节奏和追求高效率的时代，忙碌于工作和各种社会活动的人们大多已没有耐性去阅读一本像教科书一样生硬地累积知识点的图书，人们总是希望能够轻松、快速、高效地学会电脑知识，并将所学的内容应用到实际工作中，解决工作中的问题或提高工作效率，用好计算机这个现代化的工具。

本系列图书正是定位于这样一批零基础或会一些简单操作，同时希望快速提高自己电脑操作水平的读者，结合他们的需求和学习习惯，本系列图书重点突出快速入门、学以致用的特点，在体例结构和编写上进行创新，简化理论介绍，将读者关心的问题作为知识点，以实例进行介绍，并用大量的"知识扩展"和"疑难解答"将编者多年的经验积累和技巧总结奉献给读者，或解答读者学习中遇到的各种疑难问题。

一、丛书特点

《跟我从零学》系列图书主要具有以下特点。

1. 体例丰富，由浅入深

本套丛书融合了市场上同类书籍的特点及优势，在写作体例上进行了创新。本书在系统知识后安排了"知识扩展"和"疑难解答"两个特色版块，让初学者在学习入门知识的基础上得到进一步提高。每章知识点后安排了一个或几个非常实用的例子，让读者在巩固本章知识点的同时不断提高、步入高手。每章最后还安排了精选的习题版块，引导读者回顾本章知识并加以巩固。

2. 版式生动，双色混栏

章首页以有趣的对话引出本章需要学习的知识，让读者感觉在严肃的学习氛围中充满趣味，学习起来更轻松。全书采用单双栏混合排版的方式，既能合理有效地利用空间，让页面看起来更加整齐、紧凑，还可以减轻读者的阅读疲劳。书中穿插了大量的"提示"、"注意"和"技巧"等特色小栏目，方便读者解决学习过程中遇到的疑难问题，还扩大了知识面，让读者倍感实用。

3. 一步一图，操作性强

本套丛书采用大小步骤的方式进行编写，其中大步骤为操作主线，小步骤为实现大步骤的具体操作，并以序号在插图上标识出具体的操作顺序，与小步骤相对应。这种图文结合的方式便于读者在学习过程中能够更加直观、清晰地看到操作效果，易于理解和掌握。

4. 操作简练，通俗易懂

本套丛书在内容上摒弃了空洞尤用的知识和深奥难懂的理论，以读者的实际学习理念为向导，以通俗易懂的文字讲述了电脑初学者迫切需要掌握的内容，以及实际生活、学习和工作中需要用到的知识和技能，注重实用性，充分体现了动手操作的重要性。

5. 书盘结合，轻松易学

本系列各图书附赠一张精彩生动、内容充实的多媒体教学光盘，为读者提供了一个立体的教学环境。光盘具有直观生动、交互性强等特点，与图书结合使用能起到相互补充的作用，大大提高了读者的学习效率，从而轻松地达到最佳的学习效果。

二、适用人群

本系列丛书主要适合以下读者群体：

● 对电脑一无所知的读者。这类读者出于好奇心或自我提高的目的，来接触电脑、办公软件和网络等新生事物，本书能激发这类读者的好奇心，帮助其快速找到并解决实际问题，获得学习的成就感。

● 迫于工作任务而学习电脑的读者。不少原本对电脑没有兴趣的人，会因为临时的工作任务或者生活需求，而不得不使用电脑，这类人群更希望书中能有大量贴近工作的实例，参考这些例子稍作修改即可应用到工作中。

● 想要放一本工具书在身边的读者。学生、上班族、电脑爱好者和电脑发烧友这类人群，在日常生活、娱乐、学习和工作中遇到了疑难问题时，会希望有一本电脑工具书拿来翻翻，快速找到解决办法。

三、光盘使用说明

丛书配套的多媒体教学光盘采用虚拟人物场景式教学模式，全程真人语音讲解，使读者可以轻松地进行学习，达到无师自通的效果。光盘使用方法如下：

第 1 步　将光盘放入光驱，几秒钟后光盘会自动运行。如光盘没有自动运行，可进入光驱所在盘符，双击"AutoRun.exe"文件手动运行。

第 2 步　进入光盘主界面，读者可以根据自己的需要选择学习内容。将光标指针移到菜单上并单击，即可进入相关内容的讲解界面。

第 3 步　接下来读者可以根据演示内容进行学习，并且可以通过单击界面下方的按钮进行相应的控制。

四、关于本书作者

本书由王改性、唐娟、朱黎明等编著。参与本书编写的人员都是长期从事计算机基础教学的教师和专业技术人员，他们是周余、罗黄斌、乔婧丽、曾繁宇、田野、苏田、张亚兰、陈正荣、娄方敏、徐友新、姚康臣、肖劲、许丰华和周瑞金等。

由于作者水平有限，书中难免存在疏漏与不足，欢迎广大读者批评指正。

编　者
2010 年 4 月

第 1 章　电脑入门基础

本章讲些什么

- ❖ 电脑基础知识。
- ❖ 鼠标的使用。
- ❖ Windows Vista 的基本操作。
- ❖ 管理电脑中的文件。
- ❖ 选择打字练习场所。
- ❖ 典型实例——利用鼠标选择对象。

月月：现在我的许多朋友都是打字高手了，而我还不会打字呢，老师，你快教我吧！

老师：月月，学习打字前还需要掌握一些电脑的基本操作，我先给你讲讲这方面的内容吧。

月月：好的，老师，那我们现在就开始吧！

1.1 电脑基础知识

对于电脑初学者来说，学习使用五笔字型输入法之前，首先需要掌握电脑的基础知识，主要包括启动与关闭电脑。

1.1.1 启动电脑

使用电脑打字前，最基本的操作就是启动电脑。启动电脑时，应遵循一定的操作步骤，以减少对电脑硬件的伤害，延长电脑的使用寿命。

在启动电脑前，先检查主机和各外接设备的电源线是否插好，电源插板是否通电，然后打开显示器和其他外部设备（如打印机、音箱等）的电源。

外设电源打开后，按下主机箱前面板上的电源按钮（该按钮上通常显示有⏻标志），打开主机电源。

按下

高手提个醒

启动电脑前，之所以先打开显示器和其他外部设备的电源，是因为如果打开主机电源后再打开外部设备电源，会对主机产生电流冲击。此外，这种做法也便于电脑在启动时能探测到连接到电脑上的外部设备。

执行上述操作后，电脑开始自动进行自检和启动，并在显示器上显示相应的画面，当电脑启动完成后，会自动进入操作系统的工作界面。

1.1.2 关闭电脑

使用完电脑后，需要将其关闭，且关闭时还应遵循正确的操作步骤。对于不同的操作系统，关闭电脑的方法也有所不同，下面以 Windows Vista 操作系统为例，介绍关闭电脑的操作方法。

关闭所有打开的窗口和程序，然后单击桌面左下角的"开始"按钮🌐，在弹出的"开始"菜单中单击右下角的箭头按钮▶，在接下来弹出的子菜单中选择"关机"命令即可。

如果在子菜单中选择"重新启动"命令，电脑会在关闭后重新启动。

执行上述操作后，电脑将停止所有程序并退出操作系统，稍等片刻，电脑会自动断开主机电源。主机电源关闭后，手动关闭显示器和其他外部设备的电源。至此，便完成了电脑的关闭操作。

1.1.3 知识扩展——让电脑"睡眠"

睡眠是电脑电源管理的一种节能模式，让电脑"睡眠"时不必关闭文件和程序，Windows操作系统会自动保存所有正在编辑的文件，并关闭显示器及主机风扇，用很低的耗电量维持内存中的工作。

让电脑进入睡眠状态的方法为：单击"开始"按钮，在弹出的"开始"菜单中单击箭头按钮，在接下来弹出的子菜单中选择"睡眠"命令即可。

如果在子菜单中选择"休眠"命令，可使电脑进入休眠状态。当电脑处于休眠状态时，系统会将内存中的数据都保存到硬盘上，所以不需要电源支持，可切断主机电源。

当台式机电脑处于睡眠状态时，主机机箱外侧的一个指示灯会闪烁或发黄光，此时不能切断主机的电源，否则内存中的数据会全部丢失。

当需要重新使用电脑时，按下主机机箱上的电源按钮可唤醒系统。由于唤醒过程省去了操作系统的启动过程，所以可在数秒钟内完成开机并恢复工作，且开机后的屏幕显示与关机前一样。

1.1.4 疑难解答——电脑死机了怎么办

当遇到电脑死机或无法正常关机的情况时，可按住主机上的电源按钮不放，持续几秒钟之后，主机会强行断开电源，关闭电脑。

用这种方法关闭电脑，会使一些正在运行的程序中断，从而导致信息丢失。情况严重时，还会破坏系统文件，损坏硬盘等。因此，不到万不得已，尽量不要采取这样的方式关闭电脑。

1.2 鼠标的使用

鼠标是一种手持式屏幕定位装置，是电脑的主要输入设备之一，其外形酷似老鼠，在屏幕上一般显示为 形状，称为"鼠标指针"。利用鼠标可直观地操作对象、选择菜单等，初学者必须掌握鼠标的基本操作方法，并加以练习，才能熟练地驾驭鼠标。

1.2.1 "拿"鼠标的正确姿势

鼠标按其键数可分为两键鼠标、三键鼠标和多键鼠标 3 种类型。目前较常用的是三键鼠标，三键鼠标由左键、右键和滑轮组成。

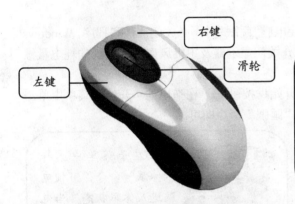

通常情况下，按下鼠标左键可在电脑屏幕上执行定位、选择等操作，按下鼠标右键可弹出快捷菜单，滑动滑轮可使窗口中的滚动条上下滚动。

使用鼠标时，需掌握怎样"拿"鼠标，这样不但能提高工作效率，而且也不容易产生疲劳。"拿"鼠标的正确方法为：右手食指和中指分别轻放于鼠标的左、右键上，拇指指腹轻贴于鼠标左侧，无名指和小指轻放于鼠标右侧，整个手掌轻轻握住鼠标，掌心轻轻贴住鼠标后部，手腕自然垂放在桌面上。移动鼠标时拇指、无名指和小指轻轻握住鼠标，同时手腕运动。

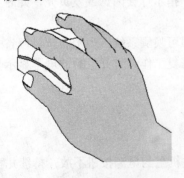

在操作鼠标时，一般是用右手握鼠标，因此，通常将鼠标放在电脑显示器的右侧，并置于鼠标垫上。

1.2.2 鼠标的基本操作

鼠标主要用于控制电脑屏幕中对应的鼠标指针，以实现选择各种对象或执行各种命令等操作。鼠标的基本操作主要包括移动鼠标指针、指向、单击、双击、右键单击和拖动。

1. 移动鼠标指针

移动鼠标指针就是握住鼠标在鼠标垫上移动鼠标，使电脑屏幕上的鼠标指针跟着移动。这个操作主要用来定位鼠标指针的位置，使鼠标指针指向需要进行操作的对象。

2. 指向

指向是指在不按任何鼠标按键的情况下，移动鼠标指针到某个对象（如图标、文件或按钮等），当鼠标指针在某个对象上停留 1～2 秒后，通常可看到相应的提示信息。

3. 单击

单击是指将鼠标指针指向某个对象后，食指按一下鼠标左键，然后立即松开。单击是使用频率最高的鼠标操作，一般用于选中对象、单击命令按钮或在文本中定位光标等。

4. 双击

双击是指将鼠标指针指向某个对象后，连续按鼠标左键两次之后立即松开，且速度要快，动作要连贯，否则被视为两次单击。双击一般用于启动某个程序、执行任务，以及打开某个窗口、文件或文件夹等。例如，双击系统桌面上的"网络"图标，可打开"网络"窗口。

5. 右键单击

右键单击通常称为单击鼠标右键，简称右击。右键单击是指将鼠标指针指向目标位置后，中指稍微用力按下鼠标右键，并立即释放。单击鼠标右键后，通常会弹出相应的快捷菜单。例如，使用鼠标右键单击系统桌面上的"网络"图标，将弹出一个快捷菜单，其中包括"打开"、"属性"等命令。

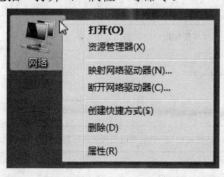 

在 Windows 操作系统中，在任意位置单击鼠标右键，都会弹出相应的快捷菜单。

6. 拖动

拖动一般是指选中某个对象后，按下鼠标左键不放，移动鼠标到目标位置后松开鼠标左键，此时该对象将移动到目标位置。拖动操作常用于移动对象。

此外，拖动鼠标还可用于框选多个对象，具体方法为：按住鼠标左键不放并拖动，此时会形成一个以鼠标起点和终点为对角线的方框，松开鼠标左键后，方框内的对象将被全部选中。

1.2.3 鼠标指针的含义

操作鼠标时，鼠标指针会反映鼠标在电脑屏幕上的定位及各种操作。在执行不同操作或电脑处于不同的运行状态时，鼠标指针将呈现不同的形状。在 Windows Vista 操作系统中，默认状态下鼠标指针的各种形状及其含义如下表所示。

指针形状	指针含义
⬚	正常选择，表示可以执行选定、打开对象等一般操作。
⬚	帮助选择，此时单击某个对象可以得到相关的帮助信息
⬚	后台运行忙，表示当前指令还未执行完毕，需要等待。
○	表示系统运行忙，需要等待。
+	精确选择，一般用于在绘图时定位
I	选择文本，表示可以选中光标前后的文字。
⊘	不可用，表示任何操作都不起作用。
↕ ↔ ⤡ ⤢	表示可以上下、左右或对角调整对象的大小，例如将鼠标指针指向窗口边缘，便会出现相应的指针形状，此时按住鼠标左键不放并拖动鼠标，可调整窗口大小。
✣	移动，表示可以移动选中的对象。
⬚	链接选择，此时单击鼠标可打开相应的链接，该形状常见于网页中。
✎	手写，该形状主要是在 Windows Vista 中使用手写功能时出现，表示可以用拖动鼠标的方式写字。

1.2.4 知识扩展——修改鼠标指针样式

如果认为默认的鼠标指针略显单调，可根据自己的喜好对其进行更改，让鼠标指针具有个性化外观。修改鼠标指针样式的具体操作步骤如下。

第1步：选择"个性化"命令

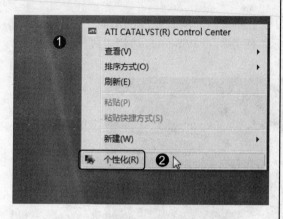

❶ 使用鼠标右键单击系统桌面空白处。
❷ 在弹出的快捷菜单中选择"个性化"命令。

第2步：单击"鼠标指针"链接

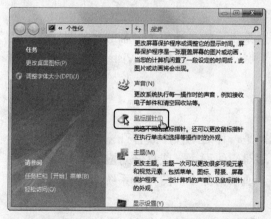

在打开的"个性化"窗口中单击"鼠标指针"链接。

第3步：选择鼠标指针方案

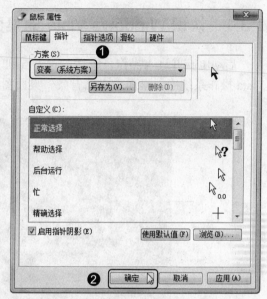

❶ 在弹出的"鼠标属性"对话框中默认选择的是"指针"选项卡，在"方案"下拉列表框中选择自己喜欢的鼠标指针方案（例如"变奏（系统方案）"）。
❷ 此时，在"自定义"列表框中可看到所选方案的所有鼠标指针样式，单击"确定"按钮保存设置。

若要为某状态（例如"帮助选择"）的鼠标指针样式进行个性化设置，先在"自定义"列表框中将其选中，然后单击"浏览"按钮，在接下来弹出的"浏览"对话框中进行选择即可。

1.3 Windows Vista 的基本操作

进入 Windows Vista 操作系统并熟悉鼠标的操作后，下面将介绍 Windows Vista 的基本操作，以帮助读者熟练地操作电脑。

1.3.1 认识 Windows Vista 的桌面

启动电脑并进入操作系统后，首先看到的整个屏幕画面就是系统的桌面。在 Windows Vista 操作系统中，桌面由桌面背景、桌面图标、任务栏和 Windows 边栏组成。

1. 桌面背景

衬于桌面图标、任务栏和 Windows 边栏等元素之下的布满整个屏幕的背景图片称为桌面背景。默认情况下，启动电脑后看到的桌面背景是在安装 Windows Vista 操作系统的过程中，在系统初始设置中选择的图片。

2. 桌面图标

默认情况下，桌面图标排列在桌面的左侧，是一种启动程序或打开窗口、文档和文件夹的快捷方式。双击某个桌面图标，可直接启动对应的程序，或打开对应的文件。例如，双击"回收站"图标，可打开"回收站"窗口。通常情况下，图标分系统图标和程序图标两种。

❖ 系统图标：操作系统内置的图标称为系统图标，例如"回收站"图标。
❖ 程序图标：安装应用程序后产生的快捷方式图标，其左下角有一个小箭头。

3. 任务栏

默认情况下，任务栏位于桌面底端，且底色为黑色。任务栏中的各元素从左到右依次为"开始"按钮、快速启动工具栏、窗口按钮栏、语言栏和系统通知区域。

"开始"按钮　　　　　窗口按钮栏　　　　　　　　　　　　　　　　系统通知区域

快速启动工具栏　　　　　　　　　　　　　　　　　　　　　　语言栏

❖ "开始"按钮：位于任务栏最左端，对其单击可打开"开始"菜单。"开始"菜单包含了 Windows Vista 操作系统中的大部分程序和功能，几乎所有的工作都可通过"开始"菜单进行。

❖ 快速启动工具栏：位于"开始"按钮的右侧，用于显示常用桌面功能和程序图标，单击某个程序图标，可快速启动对应的程序。快速启动工具栏中的程序图标太多，会自动隐藏部分图标，并在右侧显示»按钮，对其单击，在弹出的菜单中可查看隐藏的图标。

❖ 窗口按钮栏：用于显示当前打开的窗口（包括文件、文件夹和网页等），及正在运行的程序。通过单击窗口按钮可在不同的窗口间进行切换，若反复单击同一窗口按钮，可在显示和最小化窗口之间切换。

❖ 语言栏：位于窗口按钮栏的右边，主要用于显示当前使用的输入法状态，及切换输入法。

❖ 系统通知区域：即系统托盘，位于任务栏最右端，用于显示电脑网络状态图标、声音控制图标、系统时间和一些最小化到通知区域的应用程序（如 QQ、下载软件等）。

4. Windows 边栏

Windows 边栏位于 Windows Vista 桌面的右侧，由一系列小工具组成，包括时钟、幻灯片和源标题等，利用这些小工具可实现不同的功能。例如，使用"时钟"工具可方便地查看时间，使用"幻灯片放映"工具可在桌面上播放自己喜欢的相片。

如果要关闭 Windows 边栏，可在 Windows 边栏的空白处单击鼠标右键，在弹出的快捷菜单中选择"关闭边栏"命令。

1.3.2　管理桌面图标

　　首次进入 Windows Vista 操作系统时，桌面上只有"回收站"图标，根据操作需要，可将常用系统图标（如"计算机"、"网络"等）和常用应用程序的快捷方式添加到桌面上。除此之外，还可对桌面上的图标进行删除、排列等操作。

1.　添加桌面图标

　　如果要将"计算机"、"网络"和"控制面板"等常用系统图标添加到桌面上，可按下面的操作步骤实现。

第1步：选择"个性化"命令

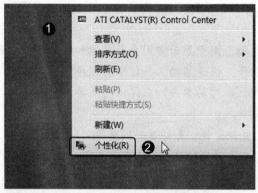

❶　使用鼠标右键选择系统桌面空白处。
❷　在弹出的快捷菜单中选择"个性化"命令。

第2步：单击"更改桌面图标"链接

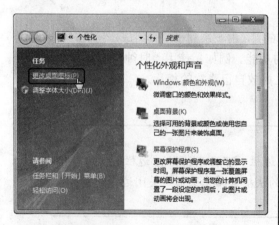

打开"个性化"窗口，单击左侧窗格中的"更改桌面图标"链接。

第3步：添加桌面图标

❶　弹出"桌面图标设置"对话框，在"桌面图标"选项组中，勾选需要在桌面显示的图标前的复选框。
❷　设置完成后，单击"确定"按钮。

在"个性化"窗口中，若单击右侧窗格中的"桌面背景"链接，可在打开的"桌面背景"窗口中设置自己喜欢的桌面背景

10

此外，对于程序图标来说，通常在安装其应用程序时，系统会自动将程序图标（即快捷方式）添加到桌面上。如果系统没有自动将程序图标添加到桌面上，可手动添加，其方法为：单击"开始"按钮，在打开的"开始"菜单中找到需要添加程序图标的程序，例如"Microsoft Office Word 2007"，然后使用鼠标右键对其单击，在弹出的快捷菜单中依次选择"发送到"→"桌面快捷方式"命令即可。

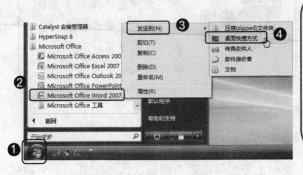

进入某个程序的安装路径，然后使用鼠标右键单击该程序的启动文件，在弹出的快捷菜单中依次单击"发送到"→"桌面快捷方式"命令，也可为该程序在桌面上添加一个程序图标。

2. 删除桌面图标

当桌面图标太多时，桌面看起来就会非常凌乱。为了保持桌面整洁，可删除一些不常用的桌面图标，具体操作步骤如下。

第1步：执行删除操作

❶ 使用鼠标右键选择需要删除的桌面图标。

❷ 在弹出的快捷菜单中选择"删除"命令。

第2步：确认删除

在弹出的"删除文件"提示对话框中，单击"是"按钮，确认删除。

选中桌面图标后按下"Delete"键，也可对其进行删除操作。

3. 排列桌面图标

当桌面图标太多时，可根据操作习惯对图标进行排列，具体操作方法为：使用鼠标右键单击桌面空白处，在弹出的快捷菜单中选择"排序方式"命令，在弹出的子菜单中选择图标的排列方式即可。例如，选择"类型"命令，桌面图标将按类型进行排列。

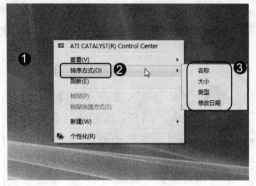

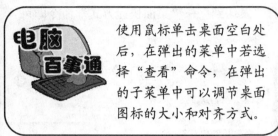

使用鼠标单击桌面空白处后，在弹出的菜单中若选择"查看"命令，在弹出的子菜单中可以调节桌面图标的大小和对齐方式。

1.3.3 认识"开始"菜单

在 Windows Vista 操作系统中，"开始"菜单主要由用户账户图标、网络工具栏、常用程序列表、"所有程序"菜单、"开始搜索"框、文件夹和系统设置快速访问区，以及关机选项等部分组成。

❖ 在"开始"菜单的右上角，显示的是当前用户账户的图标。

❖ "开始"菜单的左侧窗格可划分为上、下两部分，上部分为网络工具栏，通常包括 "Internet Explorer"、电子邮件工具 "Microsoft Office Outlook" 菜单项，单击某个图标可启动对应的网络工具；下部分为常用程序列表，用于显示经常使用到的程序，并根据使用频率自动调整排列顺序，单击某个项目可快速启动对应的程序。

❖ "开始"菜单的右侧窗格为黑色区域，从上至下可划分为 3 个小部分。第 1 部分为常用个人文件夹列表（如以用户名命名的文件夹、"文档"等），第 2 部分为用于快速搜索或访问计算机资源的命令项（如"搜索"、"最近使用的项目"等），第 3 部分为 "控制面板"、"默认程序"等系统设置命令项和"帮助和支持"命令项。

❖ 在"开始"菜单的底部为"开始搜索"框，用于快速搜索要查找的对象。搜索对象可以是文件夹、程序、电子邮件、已保存的即时消息、约会和联系人等，甚至可以是 Internet Explorer 浏览器收藏夹和访问的网站历史记录等。

❖ 在"开始"菜单的右下角有一排按钮 为关机选项，主要对计算机进行睡眠、锁定和关机等操作。

1.3.4 窗口的基本操作

窗口是各种程序的操作界面，是程序提供给用户操作程序的交互式平台，通过在窗口中的操作，可实现人机对话。不同程序的窗口有不同的布局和功能，但其基本操作相同，主要包括最小化窗口、最大化/还原窗口、关闭窗口和调整窗口大小等。

1. 最小化、最大化/还原或关闭窗口

❖ 最小化窗口：该操作就是让窗口不显示在屏幕上，把窗口以标题按钮的形式最小化到任务栏中。单击窗口标题栏中的"最小化"按钮 ，可最小化当前窗口。

使用鼠标右键单击窗口标题栏，在弹出的快捷菜单中选择"最小化"命令，也可最小化窗口。

❖ 最大化窗口：该操作就是把当前窗口放大到整个屏幕，以便用户查看和操作。单击窗口标题栏中的"最大化"按钮 ，可最大化当前窗口，此时"最大化"按钮 变为"还原"按钮 。

13

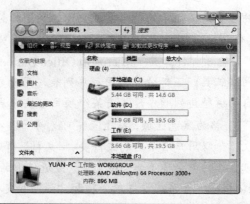

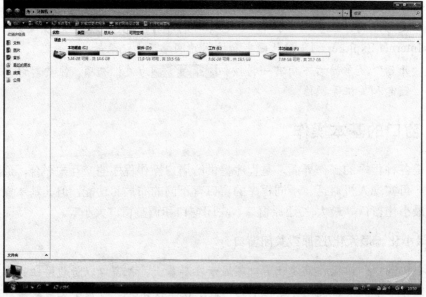

❖ **还原窗口**：当需要对最小化的窗口进行操作时，在任务栏中单击对应的窗口按钮可将其还原；当窗口呈最大化状态时，单击"还原"按钮 ，可将窗口还原到原来的大小。

❖ **关闭窗口**：当需要关闭窗口时，单击窗口标题栏中的"关闭"按钮 即可。

2. 调整窗口大小

当窗口处于非最大化状态时，可对其调整大小。将鼠标指针指向窗口边框，当指针呈双箭头时，按住鼠标左键不放并拖动即可进行调整。

❖ 当鼠标指针指向窗口的上（下）边框时，鼠标指针呈上下双箭头状↕，此时拖动鼠标可调整窗口的高度。

❖ 当鼠标指针指向窗口的左（右）边框时，鼠标指针呈左右双箭头状↔，此时拖动鼠标可调整窗口的宽度。

❖ 当鼠标指针指向窗口的对角时，鼠标指针呈斜双箭头状↖（↗），此时拖动鼠标可将窗口的长和宽等比例缩放。

3. 移动窗口

窗口处于非最大化状态时，可移动窗口的位置，具体操作方法为：在窗口标题栏的空白处按住鼠标左键不放，然后拖动窗口到想要的位置后松开鼠标左键即可。

1.3.5 知识扩展——取消窗口按钮分组显示

默认情况下，任务栏中的窗口按钮太多时，会自动分组显示，即将同一类型的多个窗口的按钮合并为一个窗口组按钮，此时单击该窗口组按钮会弹出一组窗口按钮列表。为了便于窗口的切换，可取消窗口按钮的分组显示，具体操作步骤如下。

第1步： 选择"属性"命令

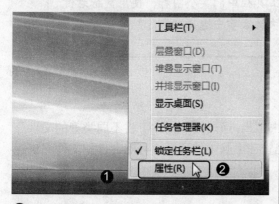

❶ 使用鼠标右键单击任务栏空白处。
❷ 在弹出的快捷菜单中选择"属性"命令。

第2步： 取消分组显示

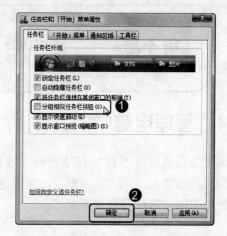

❶ 弹出"任务栏和「开始」菜单属性"对话框，默认打开的是"任务栏"选项卡，取消"分组相似任务栏按钮"复选框的勾选。

❷ 单击"确定"按钮即可。

1.3.6 疑难解答——如何将常用程序图标添加到快速启动工具栏

如果需要将某个常用程序图标添加到快速启动工具栏，可通过以下两种方式实现。

❖ 如果要将某个桌面快捷方式添加到快速启动工具栏，先将其选中，然后拖动到快速启动栏区域中，当显示小加号"✚"或小箭头"➡"标志时，释放鼠标即可。

❖ 打开"开始"菜单，在常用程序列表或"所有程序"列表中，使用鼠标右键单击要添加到快速启动工具栏中的程序，在弹出的快捷菜单中选择"添加到'快速启动'"命令即可。

拖动到快速启动工具栏

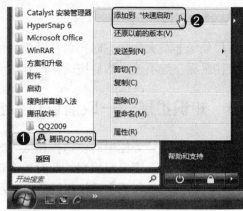

如果要删除快速启动工具栏中的某个图标，使用鼠标右键对其单击，在弹出的快捷菜单中选择"删除"命令即可。

1.4　管理电脑中的文件

如果说文件是"书"，那么文件夹就是"书柜"。通过文件夹，可将不同类型的文件分门别类地存放到一起，以便查找。为了更好地管理电脑中的资源，可对文件和文件夹进行创建、复制、移动和删除等操作。

1.4.1　新建文件或文件夹

在学习电脑打字前，可在电脑中创建一个文件夹，用来存放打字练习文档和资料。例如，要在 E 盘根目录下创建一个"打字练习"文件夹，可按下面的操作步骤实现。

第1步：双击"计算机"图标

在系统桌面上双击"计算机"图标。

第2步：双击 E 盘盘符

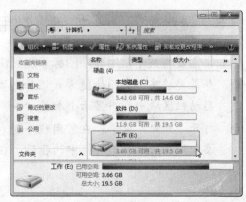

在打开的"计算机"窗口中双击 E 盘盘符。

第3步： 选择"新建文件夹"命令

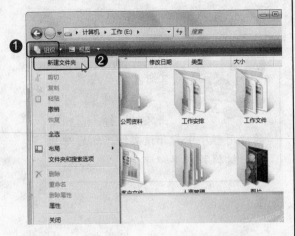

❶ 进入 E 盘根目录后单击工具栏中的
"组织"按钮。

❷ 在弹出的下拉菜单中选择"新建文件

夹"命令。

第4步： 输入文件夹名称

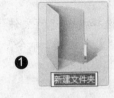

❶ 在窗口工作区中将出现一个名为"新
建文件夹"的文件夹，该文件夹名称
的文字背景为蓝色，表示文件名为可
编辑状态。

❷ 此时可直接输入文件夹的名称，本例
中输入"打字练习"，然后按下"Enter"
键或用鼠标单击空白区域确认即可。

使用鼠标右键单击窗口工作区的空白处，在弹出的快捷菜单中
依次选择"新建"→"文件夹"命令也可创建一个新的文件夹。

　　将文件夹创建好后，还可在其中新建一个打字练习文档。例如，要在刚才新建的"打
字练习"文件夹中新建一个名为"英文字符"文本文档，可按下面的操作步骤实现。

第1步： 双击"打字练习"文件图标

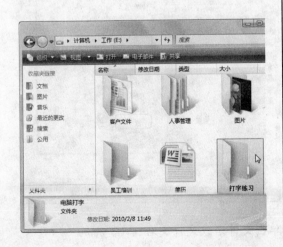

在 E 盘根目录下，双击"打字练习"文件
图标。

第2步： 执行新建文件操作

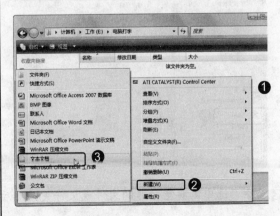

❶ 打开"打字练习"文件夹窗口，使用鼠标右键单击工作区空白处。

❷ 在弹出的快捷菜单中选择"新建"命令。

❸ 在弹出的子菜单中选择要创建的文件类型，本例中选择"文本文档"命令。

❷ 此时可直接输入文件名，本例中输入"英文字符"，然后按下"Enter"键或用鼠标单击空白区域确认即可。

第3步：输入文件名称

❶ 在窗口工作区中将出现一个名为"新建文本文档"的文件，且文件名呈编辑状态。

通过上述方式创建的文件中没有内容，若需要编辑内容，可双击文件图标，在相应的应用程序中打开该文件，然后对其进行编辑并保存即可。

1.4.2 重命名文件或文件夹

在管理文件或文件夹时，应根据其内容进行命名，以便能通过名称判断文件或文件夹内的内容。如果无法通过名称来判断它们的内容，此时就需重新命名，方法如下。

❖ 选中需要重命名的文件或文件夹，单击工具栏中的"组织"按钮，在弹出的下拉菜单中选择"重命名"命令。

❖ 使用鼠标右键单击需要重命名的文件或文件夹，在弹出的快捷菜单中选择"重命名"命令。

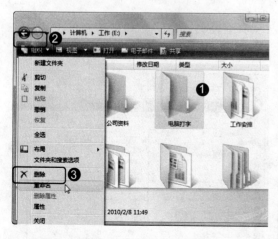
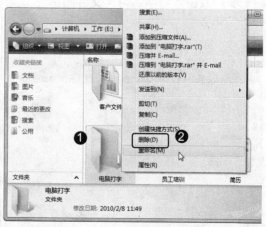

❖ 选中需要重命名的文件或文件夹，然后单击文件名或文件夹名。

执行以上任意一种方法后，都可使文件或文件夹的名称呈编辑状态，此时直接输入新名称，输入完成后按下"Enter"键或用鼠标单击其他位置确认即可。

1.4.3 移动、复制文件或文件夹

在管理电脑中的文件和文件夹时，移动、复制文件或文件夹也是非常频繁的操作，接下来分别进行讲解。

1. 移动文件或文件夹

移动文件或文件夹是指将选中的文件或文件夹转移到其他位置存放，转移后虽然存储路径发生了变化，但文件或文件夹的大小及内容都未发生改变。移动文件或文件夹时，可结合"剪切"和"粘贴"两个操作来实现，具体操作步骤如下。

第1步：执行剪切操作	第2步：执行粘贴操作
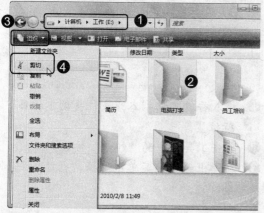	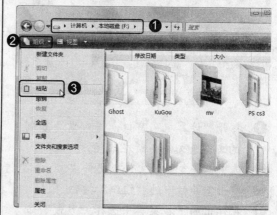

第1步：执行剪切操作

❶ 在"计算机"窗口中，进入需要移动的文件或文件夹所在路径。

❷ 选中需要移动的文件或文件夹。

❸ 单击工具栏中的"组织"按钮

❹ 在弹出的下拉菜单中选择"剪切"命令，将其剪切到系统剪贴板中。

 选中要移动的文件或文件夹后，按下"Ctrl+X"组合键，或使用鼠标右键对其单击，在弹出的快捷菜单中选择"剪切"命令，也可进行剪切操作。

第2步：执行粘贴操作

❶ 进入需要将文件或文件夹移动到的目标位置。

❷ 单击工具栏中的"组织"按钮。

❸ 在弹出的下拉菜单中选择"粘贴"命令即可。

 进入目标位置后，按下"Ctrl+V"组合键，或使用鼠标右键单击工作区空白处，在弹出的快捷菜单中选择"粘贴"命令，也可执行粘贴操作。

19

2. 复制文件或文件夹

通过复制文件或文件夹，可在不改变原文件或文件夹位置及内容的情况下，生成一个完全相同的文件或文件夹，以作为备份或复制给他人使用。

"复制"与"粘贴"是连接使用的两个操作，将文件或文件夹复制后，需通过"粘贴"操作才能创建相同的文件或文件夹，具体操作步骤如下。

第1步：执行复制操作

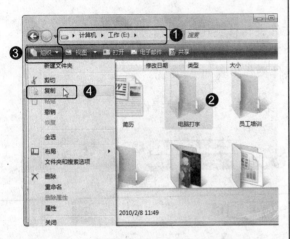

❶ 打开"计算机"窗口，进入需要复制的文件或文件夹所在路径。

❷ 选中需要复制的文件或文件夹。

❸ 单击工具栏中的"组织"按钮。

❹ 在弹出的下拉菜单中选择"复制"命令，将其复制到系统剪贴板中。

第2步：执行粘贴操作

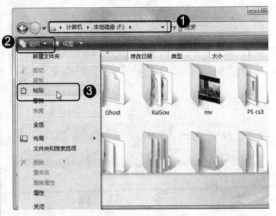

❶ 进入存放文件副本或文件夹副本的目标位置。

❷ 单击工具栏中的"组织"按钮。

❸ 在弹出的下拉菜单中选择"粘贴"命令即可。

选中要复制的文件或文件夹后，按下"Ctrl+C"组合键，或使用鼠标右键对其单击，在弹出的快捷菜单中选择"复制"命令，也可对其进行复制操作。

1.4.4 删除文件或文件夹

在管理文件和文件夹时，对于多余的文件或文件夹，可将其删除掉，以释放更多的磁盘空间。下面以删除文件夹为例，讲解具体操作步骤。

第1步：执行删除操作

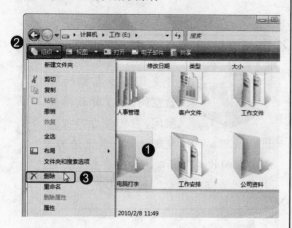

第2步：确认删除

弹出"删除文件夹"提示对话框询问是否要删除，单击"是"按钮即可。

❶ 选中要删除的文件夹。

❷ 单击工具栏中的"组织"按钮。

❸ 在弹出的下拉菜单中选择"删除"命令。

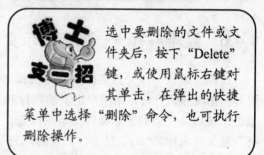

选中要删除的文件或文件夹后，按下"Delete"键，或使用鼠标右键对其单击，在弹出的快捷菜单中选择"删除"命令，也可执行删除操作。

1.4.5　知识扩展——回收站的使用

回收站是一个特殊的文件夹，被删除的文件和文件夹都被暂时存放在回收站中。如果误删了文件或文件夹，可在回收站中将它们还原，其方法有以下几种。

❖ 还原单个项目：打开"回收站"窗口，选中要还原的某个文件或文件夹，然后在工具栏单击"还原此项目"按钮将其还原。

❖ 还原多个项目：打开"回收站"窗口，按住"Ctrl"键不放，依次选择需要还原的多个文件和文件夹，然后在工具栏单击"还原选定的项目"按钮将其还原。

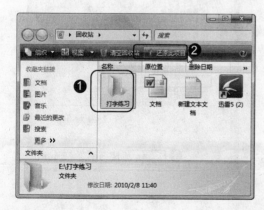

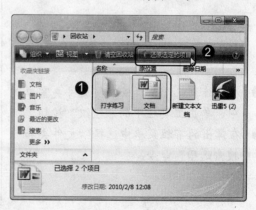

❖ 还原所有项目：打开"回收站"窗口后，直接单击工具栏中的"还原所有项目"按钮，回收站中的所有对象将被还原。

回收站中的文件或文件夹仍占据电脑的硬盘空间，为了释放磁盘空间，应定期对回收站进行清理，即清空回收站，其方法为：打开"回收站"窗口，然后单击工具栏中的"清空回收站"按钮即可。

1.4.6 疑难解答——如何显示文件扩展名

在操作系统中，文件名由文件名称和文件扩展名两部分组成，并用小数点符号"."分隔开。在新建文件时，由用户定义的名称就为文件名称，而文件扩展名（又叫文件后缀名）是由系统自动生成的表示文件类型的标志，不能随意更改。例如"英文字符.txt"，"英文字符"是文件名称，"txt"是文件扩展名，表示该文件是文本文档。

为了防止文件的扩展名被意外更改，操作系统默认隐藏了文件的扩展名。如果希望将文件扩展名显示出来，可按下面的操作步骤实现。

第1步：选择"文件夹和搜索选项"命令

❶ 在"计算机"窗口或任何文件夹窗口中，单击工具栏中的"组织"按钮。
❷ 在弹出的下拉菜单中选择"文件夹和搜索选项"命令。

第2步：显示文件扩展名

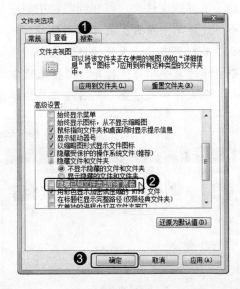

22

❶ 弹出"文件夹选项"对话框后切换到"查看"选项卡。

❷ 在"高级设置"列表框中取消"隐藏

已知文件类型的扩展名"复选框的勾选。

❸ 单击"确定"按钮即可。

1.5 选择打字练习场所

学习输入法少不了练习，练习时最好打开一个文字编辑软件，以便在练习过程中查看录入的效果及正确性。常用的文字编辑软件有记事本和写字板等，下面分别对这两个编辑软件的使用方法进行介绍。

1.5.1 记事本

记事本是 Windows 操作系统自带的一款文字编辑软件，它使用简单，而且保存的文件容量小。如果只是单纯地练习打字，建议用户使用记事本，记事本的使用方法如下。

第1步：选择"所有程序"命令

❶ 单击"开始"按钮。

❷ 在弹出的"开始"菜单中选择"所有程序"命令。

第2步：启动记事本程序

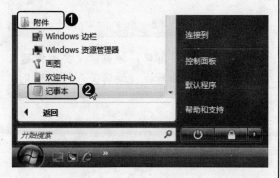

❶ 在展开的程序列表中选择"附件"命令。

❷ 在展开的列表中选择"记事本"命令。

第3步：认识程序界面

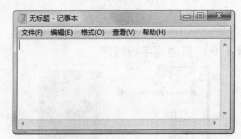

打开"记事本"窗口，该窗口的组成非常简单，由标题栏、菜单栏和编辑区3部分组成。编辑区中有一个闪烁的竖线|，叫做光标插入点，在光标插入点处便可输入相应的内容。

第4步：输入内容

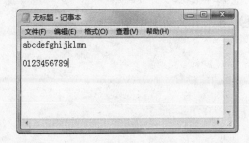

直接敲击键盘上相应的按键，就可以在编辑区中输入英文字母、数字等内容了。

第5步：关闭记事本程序

❶ 完成打字练习后，单击窗口右上角的"关闭"按钮。

❷ 在弹出的提示对话框中单击"不保存"按钮退出程序。

> **高示提个醒** 弹出提示对话框后，如果单击"保存"按钮可保存练习结果；如果单击"取消"按钮可返回记事本工作界面继续进行打字练习。

1.5.2 写字板

写字板是 Windows 操作系统自带的一款文字编辑和排版软件，在该程序中可以设置文字格式和插入图片。写字板程序虽然没有 Word 的功能强大，但完全可以满足一般文档的编辑要求，写字板的使用方法如下。

第1步：启动写字板程序

❶ 在"开始"菜单的程序列表中选择"附件"命令。

❷ 在展开的列表中单击"写字板"命令。

第2步：认识程序界面

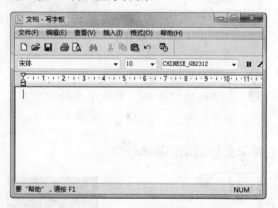

打开"写字板"窗口，该窗口主要由标题栏、菜单栏、工具栏、编辑区和状态栏几部分组成。

第3步： 输入内容

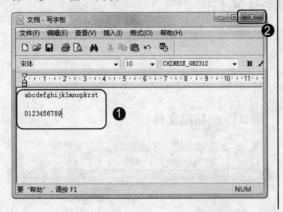

❶ 直接敲击键盘上相应的按键，就可以在编辑区中输入英文字母、数字等内容了。

❷ 完成练习后，单击窗口右上角的"关闭"按钮 ▉ X ▉ 退出程序。

1.5.3 知识扩展——保存练习结果

在记事本中完成打字练习后，如果要将其保存到电脑中，可按下面的操作步骤实现。

第1步： 保存练习结果

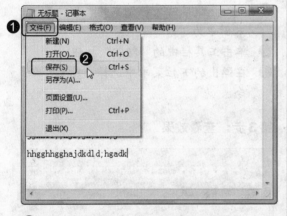

❶ 在菜单栏中单击"文件"按钮。

❷ 在弹出的下拉菜单中选择"保存"命令。

 完成打字练习后按下"Ctrl+S"组合键，可快速弹出"另存为"对话框。

第2步： 设置保存参数

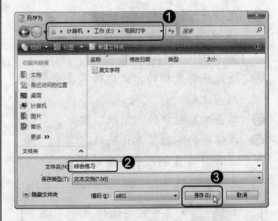

❶ 弹出"另存为"对话框，设置练习文件的保存路径，这里设置为 ▮ ▸ 计算机 ▸ 工作 (E:) ▸ 电脑打字 ▾ 。

❷ 在"文件名"文本框中输入文件名称。

❸ 设置完成后单击"保存"按钮即可。

25

1.6 典型实例——备份打字练习文档

　　本节将结合鼠标的基本操作，复制文件及重命名文件夹等相关知识点，练习对打字练习文档进行备份，具体操作步骤如下。

第1步：复制文件

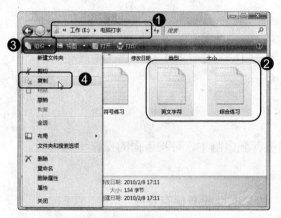

❶ 在"计算机"窗口中，进入需要备份的练习文档所在路径，本例中为 ▮ « 工作 (E:) ▶ 电脑打字 ▼ 。

❷ 通过拖动鼠标的方式选择需要备份的练习文档。

❸ 单击工具栏中的"组织"按钮。

❹ 在弹出的下拉菜单中选择"复制"命令，将其复制到系统剪贴板中。

当需要选择多个不连续的文件时，可结合"Ctrl"键来实现，具体操作方法为：按住"Ctrl"键不放，然后依次单击要选择的文件，选择完成后释放"Ctrl"键即可。

第2步：粘贴文件

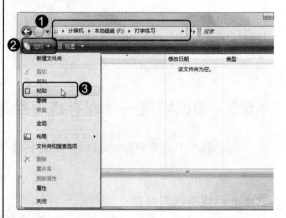

❶ 进入存放练习文档副本的目标位置，本例中为 ▮ ▶ 计算机 ▶ 本地磁盘 (F:) ▶ 打字练习 ▼ 。

❷ 单击工具栏中的"组织"按钮。

❸ 在弹出的下拉菜单中选择"粘贴"命令。

第3步：查看效果

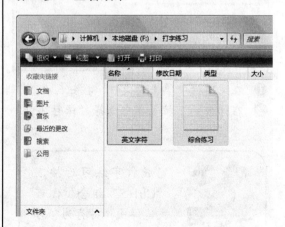

此时，所选的练习文档将粘贴到当前路径下，从而完成了文档的备份。

第4步：重命名文件夹

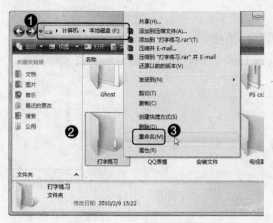

❶ 为了便于区分文件夹里面的内容，还需要对备份文档所在的文件夹进行重命名操作，进入该文件夹所在路径，本例中为 ▶ 计算机 ▶ 本地磁盘 (F:) ▶ 。

❷ 使用鼠标右键单击存放备份文档的文件夹。

❸ 在弹出的快捷菜单中选择"重命名"命令。

第5步：输入新名称

❶ 此时文件夹的名称呈编辑状态。

❷ 直接输入新名称，本例中输入"打字练习备份"，然后按下"Enter"键或用鼠标单击空白区域确认即可。

1.7　课后练习

选择题

1. 鼠标在屏幕上一般显示为 形状，称为（　），通过它可以控制电脑的操作。
　A. 光标插入点　　　　　　　　　　B. 鼠标指针
　C. 桌面图标　　　　　　　　　　　D. 光标
2. 通过（　）鼠标可以移动某个对象。
　A. 指向　　　　　　　　　　　　　B. 单击
　C. 双击　　　　　　　　　　　　　D. 拖动
3. 在移动文件夹时，按下（　）组合键可快速执行剪切操作。
　A. Ctrl+C　　　　　　　　　　　　B. Ctrl+V
　C. Ctrl+X　　　　　　　　　　　　D. Ctrl+S

简答题

1. 简述启动和关闭电脑的正确操作步骤。
2. 不同的鼠标指针代表什么含义？
3. Windows Vista 的桌面由哪几部分组成？

实践操作题

1. 启动电脑后，熟悉鼠标的基本操作。
2. 启动电脑后，将"计算机"、"网络"等常用系统图标添加到桌面上。
3. 在 E 盘根目录下新建一个"打字练习"文件夹，并对其进行重命名、复制等操作。

第 2 章 键盘结构与指法练习

本章讲些什么

❖ 认识键盘。

❖ 键盘的操作。

❖ 指法练习。

❖ 典型实例——输入一篇英文文章"Snow-white"。

月月：老师，键盘上的按键太多了，我见了都头疼！

老师：月月，别着急，键盘上虽然有很多按键，但只要你熟悉了它们的分布位置及操作方法，使用起来就非常简单了。

月月：真的吗？老师，那就快教我怎么使用吧！

2.1 认识键盘

键盘是电脑最基本的输入设备，熟练掌握键盘的使用方法是学好电脑打字的先决条件。根据键盘按键数量的不同，可以将其分为 101、104 和 107 键盘等。本章将以目前最常见的 107 键盘（如下图所示）进行讲解。

键盘上有许多按键，按照各按键的功能和排列位置，可将键盘划分为主键盘区、编辑控制键区、数字小键盘区、功能键区和状态指示灯区 5 个部分。

2.1.1 主键盘区

主键盘区也称打字键区，是使用最频繁的一个区域，主要用于文字、符号及数据等内容的输入。主键盘区是键盘中键位最多的一个区域，由数字键 0～9、字母键 A～Z 和符号键，以及一些特殊控制键组成。

1. 数字键

数字键 0～9 位于主键盘区的最上方，每个数字键上有上下两种字符，因而又称双字符键。

在数字键键面上，上面的符号称上档字符，下面的数字称下档字符。直接按下数字键，可输入下档字符，即对应的数字；而在按住"Shift"键的同时再按下数字键，可输入上档字符，即对应的符号。

2. 字母键

主键盘区中间最大一块区域为字母键位区，包括从 A～Z 的 26 个字母键。按下某个键位，可输入对应的小写英文字母。例如按下"A"键，可输入小写字母"a"。

如果要输入大写英文字母，先按住"Shift"键不放，再按下相应的字母键即可。

3. 符号键

主键盘区中还包含了一些常用的符号键，用于输入标点符号、运算符号及其他一些符号。主键盘区中的符号键都为双字符键，与数字键的使用方法一样，直接按下符号键可输入下档字符，按住"Shift"键不放再按下符号键，可输入上档字符。

4. 特殊控制键

控制键主要包括"Tab"键、"Caps Lock"键、"Shift"键、"Ctrl"键、"Win"键、"Alt"键和空格键等，其作用介绍如下。

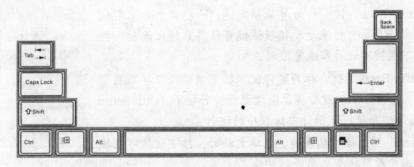

❖ "Tab"键：称为制表键，每按一次该键，光标向右移动一个制表位。该键多用于文字处理中的格式对齐操作，也可用于文本框间的切换。

❖ "Caps Lock"键：称为大写字母锁定键，用于大小写字母输入状态的切换。系统默认状态下，输入的英文字母为小写，按下该键后，可将字母键锁定为大写状态，此时输入的字母为大写字母，再次按下该键可取消大写锁定状态。

❖ "Shift"键：称为上档键，在主键盘区的左下边和右下边各有一个，用于输入上档字符，及大小写字母的临时切换。

❖ "Ctrl"键：称为控制键，在主键盘区的左下角和右下角各有一个，一般和其他键组合使用，是一个供发布指令用的特殊控制键。

❖ "Win"键⊞：又称"开始"菜单键，位于"Ctrl"键和"Alt"键之间，该键键面上标有 Windows 徽标。在 Windows 操作系统中，按下该键可弹出"开始"菜单。

❖ "Alt"键：称为转换键，在主键盘区的左右各有一个，通常与其他键组合使用。

❖ 空格键⬚：位于主键盘区的最下方，是键盘上唯一没有标识且最长的键。按下该键时会输入一个空格，同时光标向右移动一个字符。

❖ 右键菜单键▣：位于右"Ctrl"键的左边，按下该键后会弹出相应的快捷菜单，其功能相当于单击鼠标右键。

❖ "Enter"键：称为回车键，位于右"Shift"键的上方，是电脑操作中最为频繁的键。该键有两个作用，一是确认并执行输入的命令，二是在录入文字时按下该键可实现换行，即光标移至下一行行首。

❖ "BackSpace"键：称为退格键，位于"Enter"键的上方，按下该键可删除光标前一个字符或选中的文本。

2.1.2 编辑控制键区

编辑控制键区位于主键盘区右侧，集合了所有对光标进行操作的键位及一些页面操作功能键，用于在进行文字处理时控制光标的位置。

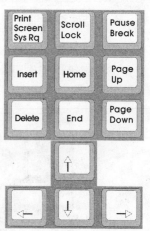

❖ "Print Screen SysRq"键：称为屏幕拷贝键，按下该键可将当前屏幕内容以图片的形式复制到剪贴板中，然后可在图像处理软件或 Word 等程序中粘贴该图片。

❖ "Scroll Lock"键：称为屏幕锁定键。一些软件会采用相关技术让屏幕自行滚动，按下该键可让屏幕停止滚动，再次按下该键可让屏幕恢复滚动。

❖ "Pause Break"键：称为暂停键，按下该键可使屏幕显示暂停，按"Enter"键后屏幕继续显示。若按下"Ctrl+Pause Break"组合键，可强行中止程序的运行。

❖ "Insert"键：称为插入键。编辑文档时，按下该键可在插入状态与改写状态之间进行切换。

❖ "Delete"键：称为删除键。在录入文字时，按下该键会删除光标右侧的一个字符。

❖ "Home"键：称为行首键。在文字处理软件环境下，按下该键，光标会快速移至当前行的行首。若按下"Ctrl+Home"组合键，光标会快速移至整篇文档的首行行首。

❖ "End"键：称为末位键，与"Home"键的作用相反，按下该键光标会快速移至当前行的行尾。若按下"Ctrl+End"组合键，光标会快速移至整篇文档的最后一行行尾。

❖ "Page Up"键：称为向上翻页键。编辑文档时，按下该键可将文档向前翻一页。

❖ "Page Down"键：称为向下翻页键，与"Page Up"键的作用相反，按下该键可将文档向后翻一页。

❖ "↑"键、"↓"键、"→"键和"←"键：这4个键为光标移动键，按下相应的光标移动键，光标将向相应的方向进行移动。

2.1.3 数字小键盘区

数字小键盘区位于光标控制键区的右边，主要包括数字键和运算符号键等，适合银行职员、财会人员等经常接触大量数据信息的专业用户使用。

数字小键盘区中有一个"Num Lock"键，称为数字锁定键，用于控制数字键区上下档的切换。系统默认状态下，按下数字键区中的数字键，可直接输入相应的数字。按下"Num Lock"键后，数字键区处于光标控制状态，此时无法输入数字。再次按下该键，可返回数字输入状态。

2.1.4 功能键区

功能键区位于主键盘区的上方，由"Esc"、"F1～F12"键，以及"Power"、"Sleep"和"Wake Up"3个电源控制键组成，主要用来完成某些特殊的功能，从而简化操作。

❖ "Esc"键：称为强行退出键，主要用于取消输入的指令、退出当前环境或返回原菜单等操作。

❖ "F1～F12"键：在不同的程序或软件中，"F1～F12"键各自的功能有所不同。例如，按下"F1"键通常会打开帮助菜单，按下"F5"键会刷新当前窗口等。

❖ "Wake Up"键：称为唤醒睡眠键，按下该键可使电脑从睡眠状态恢复到初始状态。

❖ "Sleep"键：称为睡眠键，按下该键可使电脑处于睡眠状态。

❖ "Power"键：称为关机键，按下该键可关闭电脑电源。

2.1.5 状态指示灯区

状态指示灯区位于功能键区的右侧，共有3个指示灯，主要用于提示键盘的工作状态。

❖ "Num Lock"指示灯：由数字小键盘区的"Num Lock"键控制，该灯亮时，表示数字小键盘区处于数字输入状态。

❖ "Caps Lock"指示灯：由主键盘区的"Caps Lock"键控制，该灯亮时，表示字母键处于大写状态。

❖ "Scroll Lock"指示灯：由编辑控制键区的"Scroll Lock"键控制，该灯亮时，表示屏幕被锁定。

2.1.6 疑难解答——104 键键盘和 107 键键盘有何区别

前面以 107 键键盘为例，对键盘的结构进行了介绍。104 键键盘与 107 键键盘相比，仅仅是少了 Power、Sleep 和 Wake Up 三个电源控制键，其他大部份键位及其功能都是相同的，键盘手指分工与操作方法也一样。104 键键盘的键位图如下图所示。

2.2 键盘的操作

对键盘的结构有一定了解后，还应掌握手指的键位分工、操作键盘的正确姿势等知识，以便能熟悉键盘的操作，提高按键速度。

2.2.1 认识基准键位

为了规范键盘操作，人们在主键盘区划分出一个区域，称为基准键位区，该区域包括"A、S、D、F、J、K、L、;"8个键。

在准备操作键盘时，首先应将十指轻放在基准键位上，其方法为：先将左手食指轻放在"F"键上，右手食指轻放在"J"键上，然后将左手的小指、无名指和中指依次放在"A"、"S"和"D"键上，右手的中指、无名指和小指依次放在"K"、"L"和";"键上，最后将双手的大拇指轻放在空格键上即可。

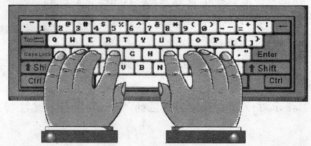

基准键位中的"F"键和"J"键键面上各有一个突起的小横杠或小圆点，这是两个定位点。操作者在不看键盘的情况下，可通过凭借手指触觉迅速定位左右手食指，从而寻找到基准键位。

2.2.2　手指的键位分工

手指的键位分工是指手指和键位的搭配，即将键盘上的按键合理地分配给十个手指，让每个手指都有明确的分工，在击键时各司其职。

除了已经分配的 8 个基准键位外，主键盘区中的其他按键都按照各个手指的自然移动进行合理分配。例如，放置于"D"键上的左手中指，往上移动可敲击"E"键，往下移动可敲击"C"键。

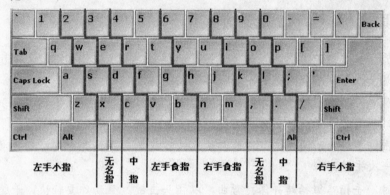

- ❖　左手食指："4"、"5"、"R"、"T"、"F"、"G"、"V"、"B"。
- ❖　左手中指："3"、"E"、"D"、"C"。
- ❖　左手无名指："2"、"W"、"S"、"X"。
- ❖　左手小指："1"、"Q"、"A"、"Z"及其左边的所有键。
- ❖　右手食指："6"、"7"、"Y"、"U"、"H"、"J"、"N"、"M"。
- ❖　右手中指："8"、"I"、"K"、","。
- ❖　右手无名指："9"、"O"、"L"、"."。
- ❖　右手小指："0"、"P"、";"、"/"及其右边的所有键。

2.2.3　操作键盘的正确姿势

无论是娱乐还是办公，操作键盘时都应保持正确的坐姿，以减轻使用电脑的疲劳，防止长期使用电脑对身体造成的危害，并提高击键速度和准确性。在操作键盘时，应注意以下几点。

- ❖　身体端正，两脚自然平放于地，身体与键盘的距离大约为 20cm。
- ❖　两臂放松自然下垂，两肘轻贴于腋边，与身体保持 5cm～10cm 距离，两肘关节接近垂直弯曲，敲打键盘时，手腕与键盘下边框保持 1cm 左右的距离。

❖ 椅子高度应适当，眼睛稍向下俯视显示器，显示器位置应在水平视线以下 15°～20° 左右，以避免伤害眼睛。

❖ 将键盘空格键对准身体正中，手指保持弯曲、形成勺状放于键盘的基本键位上，左右手的拇指则轻放在空格键上，然后稳、快、准地击键，力求实现"盲打"。

❖ 将文稿稍斜放于电脑桌的左边，使文稿与视线处于平行位置，打字时眼观文稿，身体不要跟着倾斜。

 长时间使用电脑，容易使眼睛产生疲劳，对视力造成影响。因此，在使用电脑一段时间后，可以采用远眺、做眼保健操等方式减轻眼睛的压力。

2.2.4　知识扩展——击键规则

将手指放于基准键位上后，当需要击打其他键时，手指从基准键位上抬起并移动到对应的键位再敲击即可。手指击键时，还应遵循如下规则。

❖ 敲键盘时，只有击键手指才做动作，其他手指放在基准键位不动，且手指和手腕要灵活，不要靠手臂的运动来找键位。

❖ 手指击键要轻，瞬间发力，提起要快，击键完毕后手指要立刻回到基准键位上，准备下一次击键。

❖ 击键时，手指略微抬起并保持弯曲，以指头击键，且动作要轻快、干脆，不可用力过猛。

 初学者在操作键盘时，一定要严格按照手指分工进行操作，逐渐养成"盲打"（即不看键盘，直接录入数据或打字）的习惯。

2.2.5　疑难解答——数字小键盘区有怎样的手指分工

除了主键盘区有明确的手指分工外，数字小键盘区也讲究手指分工。数字小键盘区由右手操作，大拇指负责"0"键，食指负责"1"、"4"和"7"键，中指负责"2"、"5"和"8"键，无名指负责"3"、"6"和"9"键。其中，"4"、"5"和"6"三个键为基准键位，"5"键为定位键，与主键盘区中"F"键和"J"键的作用相同。

2.3　指法练习

初学者在掌握了十指的键盘分工和正确的击键方法后，还需要进行大量的输入练习，才能熟记各键的位置，实现运指如飞。下面请读者打开系统自带的“写字板”程序，跟着本书进行英文字符，以及数字和符号的输入练习。

2.3.1 练习输入英文字符

启动“写字板”程序后，默认为英文输入状态，可直接输入英文，此时读者便可按照由简到繁、由易到难的顺序练习指法，培养手感。只要读者按照顺序反复练习，相信不久就能达到“运指如飞”的境界。

第1步：基准键位练习

aaaa	ssss	dddd	ffff	jjjj
kkkk	llll	;;;;	dddd	llll
ssss	ffff	aaaa	;;;;	kkkk
jjjj	dddd	ssss	llll	ffff
aaaa	jjjj	kkkk	;;;;	dddd

双手大拇指轻放在空格键上，其余8个手指分别放在相应的基准键位上，重复输入基准键位上的字符，培养手指的感觉。

第2步：基准键位的混合练习

asdf	jkl;	aass	ddff	jjkk
ll;;	ffjj	kkdd	adkl	fjl;
s;lf	d;js	ajk;	fasd	j;kl
kadj	klad	;;aj	lkds	falk
jak;	sdfj	akdj	;dsf	ljf;

混合输入8个基准键位上的字符。左右手协同按键，以加深对基准键位的印象。

第3步：非基准键位的练习

gggg	hhhh	qqqq	wwww	eeee
rrrr	tttt	yyyy	uuuu	iiii
oooo	pppp	zzzz	xxxx	cccc
vvvv	bbbb	nnnn	mmmm	gghh
qweo	rtuy	pirt	rpow	zvnm
xcnm	ghmy	pone	open	xcei

严格按照手指分工重复输入非基准键位上

的字符，熟悉每个手指应敲击的键位。

第4步：混合练习

jucl	open	dack	full	inge
cake	merh	gone	luck	cztx
jn;u	yung	hige	qing	chif
home	;heb	vstr	jmxw	t;av
jicl	deos	shig	aznm	ujd;

尽量不看键盘，严格按照手指分工，进行非基准键位和基准键位的混合练习。

第5步：输入大写字母

JIED	CIAW	IWAL	XILS	KJSA
EWAI	KIDL	SLKD	BIAU	NZOA
AFOI	WQIA	UWA	PICD	ZIVN
XBPW	KIDW	QUIS	PZIE	FMEW
UPOJ	WJUN	ADEP	WCVB	MNCF

按下“Caps Lock”键切换至英文大写字母输入状态，进行大写字母的输入练习。

第6步：大、小写混合练习

Quit	Jian	KUwq	iuOI	Euom
wxcP	oiuM	IunO	Wiux	Iytn
QiuP	IUjB	tIcO	XiwE	WiUn
BVnq	JjKd	kPQi	Nuds	zsiL
ikIE	uIlM	WicG	vXrT	oPAf

在没有使用“Caps Lock”键的情况下，可结合“Shift”键来输入大写字母，以使在大、小写字母间快速切换。

37

2.3.2　练习输入数字和符号

下面练习数字和符号的输入，练习过程中注意结合"Shift"键输入上档符号。

第1步：利用主键盘区输入数字和符号　　　　**第2步：使用数字小键盘区输入数字**

1111	2222	3333	4444	5555	6666	7777
8888	9999	0000	\`\`\`\`	----	====	\\\\\\\\
[[[[	]]]]	::::	''''	....	;;;;	////
!!!!	@@@@	####	$$$$	%%%%	^^^^	&&&&
****	((((	))))	____	++++	||||	{{{{
}}}}	::::	""""	<<<<	>>>>	????	@?50
""53	7&?1	5%+7	3+2=	45<98	9/3=	5:68
6!%?	8$?[	{}[]	"'<>	""'|	**0	#^4?

0000	1111	2222	3333	4444	5555	6666
7777	8888	9999	////	****	----	++++
....	4567	0123	1470	2588	3369	1796
5789	1230	5403	15.6	20.3	0.54	9*40
66/4	79+5	63-7	5-25	85/6	1.2*9	0.8/4
1.5+8	45.6	7.8-9	45/9	4.8*9	97/5	9.3*2

利用主键盘区中的数字键和符号键输入以上数字和符号，熟悉数字和符号的输入方法。　　按照数字小键盘区的击键规则，反复输入以上数字和运算符号，以熟悉数字小键盘区的操作。

2.3.3　综合练习

下面请打开"写字板"程序，输入一片英文短文。注意，每个单词之间必须留一个空格（按下空格键便可），每段输入完成后，按下"Enter"键换行。在输入过程中应尽量不看键盘，以实现盲打。

Jack Hawkins was the football coach at an Amercian college, and he was always trying to find good players, but they weren't always smart enought to be accepted by the college.

One day the coach brought an excellent young player to the dean of the college and asked that the student be allowed to enter without an examination. "Well," the dean said after some persuasion, "I'd better ask him a few questions first."

Then he turned to the student and asked him some very easy questions, but the student didn't know any of the answers.

At last the dean said, "Well, what's five times seven?"

The student thought for a long time and then answered, "Thirty-six."

The dean threw up his hands and looked at the coach in despair, but the coach said earnestly, "Oh, please let him in, sir! He was only wrong by two."

2.3.4　知识扩展——使用金山打字通进行指法练习

为了能熟记键盘各键位的位置，并提高手指的击键速度，可使用专业指法练习软件练习指法。下面以"金山打字通2010"程序为例，讲解如何通过软件进行指法练习。

第1步：双击桌面程序图标

在系统桌面上双击"金山打字通 2010"图标，启动该程序。

第2步：单击"金山打字通 2010"按钮

在弹出的程序对话框中，单击"金山打字通 2010"按钮。

第3步：用户登录

❶ 弹出"用户信息"对话框，在"请输入用户名并回车可添加新用户"文本框中输入用户名。

❷ 单击"加载"按钮，系统会自动添加该用户，并进行登录。

下次启动"金山打字通 2010"程序时，添加的用户名会显示在"双击现有用户名可直接加载"列表框中，对其双击可快速登录。

第4步：接受或拒绝学前测试

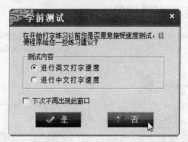

弹出"学前测试"对话框询问是否愿意接受速度测试，用户可根据实际需要单击相应的按钮，这里单击"否"按钮。

在"学前测试"对话框中若勾选"下次不再出现此窗口"复选框，以后登录时不再要求选择是否进行学前测试。

第5步：选择练习模块

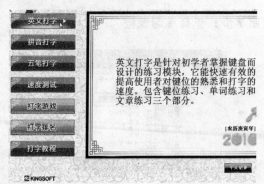

进入"金山打字通2010"主操作界面，选择需要练习的模块，这里单击"英文打字"按钮。

在主操作界面的左侧显示了"英文打字"、"拼音打字"和"五笔打字"等多个练习模块，将鼠标指针指向某个练习模块时，右侧窗口会显示对应的说明性文字。

第6步：初级键位练习

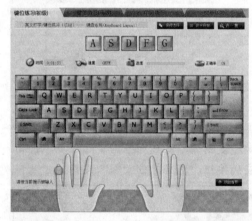

进入英文打字界面，默认打开的是"键位练习（初级）"选项卡。对照键盘模型上方显示的英文字母，依次按下键盘的相应按键。练习时，界面中的键盘模型会高亮显示要按的键位，若输入错误，会在相应的键位上显示错误符号。

第7步：选择练习课程

❶ 在练习界面中单击"课程选择"按钮，可在弹出的"金山打字"对话框中选择不同的练习课程。

❷ 选择好后单击"确定"按钮。

在"键位练习（初级）"选项卡中单击"数字键盘"按钮，可在打开的数字键盘中进行小键盘区的指法练习。

第8步：高级键位练习

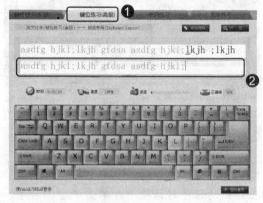

❶ 切换到"键位练习（高级）"选项卡。

❷ 在文本框中输入对应的字母。

在高级键位练习界面中，完成连续4个字母的输入后，需按下空格键输入一个空格。

第9步：单词练习

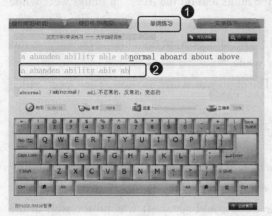

第10步：文章练习

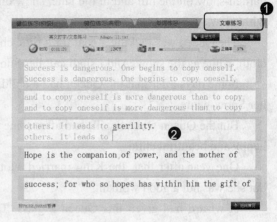

❶ 切换到"单词练习"选项卡

❷ 在文本框中输入对应的英文单词，输入过程中注意在每个单词之间应输入一个空格。

❶ 切换到"文章练习"选项卡。

❷ 在文本框中输入对应的内容。

在练习文章输入的过程中，应注意字母的大小写，且在每行结束时需按下"Enter"键换行。

完成练习后，单击练习界面右下角的"返回首页"按钮，可退出练习，并返回程序的主操作界面。在主操作界面中，单击"关闭"按钮可退出程序。

2.3.5 疑难解答——进行打字练习时还需注意哪些方面

对于初学者来说，只有使用正确的方法，加以大量的练习才能提高打字速度，并在练习过程中熟记各键位的位置，才不易遗忘。初学者在进行打字练习时，还应注意以下几点。

❖ 一定把手指按照分工放在正确的键位上。

❖ 有意识慢慢地记忆键盘各个字符的位置，体会不同键位上的字符被敲击时手指的感觉，逐步养成不看键盘的输入习惯。

❖ 进行打字练习时必须集中注意力，做到手、脑、眼协调一致，尽量避免边看原稿边看键盘，这样容易分散记忆力。

❖ 初级阶段的练习即使速度慢，也一定要保证输入的准确性。

2.4 典型实例——输入一篇英文文章"Snow-white"

本节将结合键盘的结构、键盘的操作等相关知识点，练习输入一篇英文文章"Snow-white"（白雪公主），以便熟悉键盘结构与布局，掌握特殊控制键的使用方法。

Once there was a Queen. She was sitting at the window. There was snow outside in the garden-snow on the hill and in the lane, snow on the hunts and on the trees: all things were white with snow.

The Queen was making a coat for a little child. She said, "I want my child to be white as this cloth, white as the snow. And I shall call her Snow-white."

Some days after that the Queen had a child. The child was white as snow. The Queen called her Snow-white.

But the Queen was very ill, and after some days she died. Snow-white lived, and was a very happy and beautiful child.

One year after that, the King married another Queen. The new Queen was very beautiful; but she was not a good woman.

A wizard had given this Queen a glass. The glass could speak. It was on the wall in the Queen's room. Every day the queen looked in the glass to see how beautiful she was. As she looked in the glass, she asked: "Tell me, glass upon the wall, who is most beautiful of all?" And the glass spoke and said: "The Queen is most beautiful of all."

Year went by. Snow-white grew up and became a little girl. every day the Queen looked in the glass and said, "Tell me, glass upon the wall, who is most beautiful of all?" And the glass said, "Snow-white is most beautiful of all."

When the Queen heard this, she was very angry. She said, "Snow-white is not more beautiful than I am. There is no one who is more beautiful than I am."

Then the Queen sat on her bed and cried.

After one hour the Queen went out of her room. She called one of the servants, and said, "Take Snow-white into the forest and kill her."

The servant took Snow-white to the forest, but he did not kill her, because she was so beautiful and so good. He said, "I shall not kill you; but do not go to the King's house, because the Queen is angry and she will see you. If the Queen sees you, she will make some other man kill you. Wait here in the forest; some friends will help you." Then he went away.

Poor Snow-white sat at the foot of a tree and cried. Then she saw that night was coming. She said, "I will not cry. I will find some house where I can sleep tonight. I cannot wait here: the bears will eat me."

She went far into the forest. Then she saw a little hut. She opened the door of the hut, and went in. In the hut she saw seven little beds. There was a table, and on the table there were seven little loaves and seven little glasses. She ate one of the loaves. Then she said, "I want some water to drink." So she drank some water out of one of the glasses. Then she fell asleep on one of the seven little beds.

The hut was the home of seven Little Men. When it was night, the seven Little Men came to the hut. Each Little Man had a big beard, and a little blue coat. Each Little Man came into the hut, and took his little lamp. Then each Little Man sat down, and ate his little loaf, and drank his little glass of water.

But one Little Man said, "Someone has eaten my little loaf." And another Little Man said, "Someone has drunk my little glass of water." Then the seven Little Men went to bed, but one Little Man said, "Someone is sleeping on my little bed." All the seven Little Men came to look at Snow-white as she slept on the Little Men's bed. They said, "She is very beautiful."

Snow-white awoke, and saw the seven Little Men with their big beards standing near her bed. She was afraid. The Little men said, "Do not be afraid. We are your friends. Tell us how you came here." Snow-white said, "I will tell you." Then she told them her story.

They said, "Do not be afraid. Live here with us. But see that the door shut when we are not in the house with you. Do not go out. If you go out, the bad Queen will find you. Then she will know that you are not dead, and will tell someone to kill you." So Snow-white lived in the hut with the seven Little Men.

After some days Snow-white went into the garden. One of the Queen's servants was going through the forest, and he saw her. He went and told the Queen, "Snow-white is in a hut in the forest." The Queen was very angry when she heard that Snow-white was not dead.

The Queen took an apple. She made a hole in the red side of the apple, and put some powder into the hole. Then she put on old clothes and went to the hut. She called, "Is any one there?" Snow-white opened the door, and came out to her. The Queen said, "I have some pretty apples. Eat one of my pretty apples." Snow-white took the apple and said, "Is it good?" The Queen said, "See, I will eat this white side of the apple; you eat the red side. Then you will know that it is good."

Snow-white ate the red side of the apple. When the powder was in her mouth, she fell down dead. The Queen went back to her house. She went into her room. she looked into the glass and said, "Tell me, glass upon the wall, who is most beautiful of all?" The glass said, "The Queen is most beautiful of all." Then the Queen know that Snow-white was dead.

The Little Men came back to the hut. When they saw that Snow-white was dead, the poor Little Men cried. Then they put Snow-white in a box made of glass. They took the glass box to a hill and put it there, and said, "Everyone who goes by will see how beautiful she was." Then each Little Man put one white flower on the box, and they went away.

Just as they were going away, a Prince came by. He saw the glass box and said, "What is that?" Then he saw Snow-white in the box. He said, "She was very beautiful: but do not put her there. There is a hall in the garden of my father's house. It is all made of white stone. We will take the glass box and put it in the hall of beautiful white stone."

The Little Men said, "Take her." Then the Prince told his servants to take up the box. They took up the box. Just then one of the servants fell down. The box fell, and Snow-white fell with the box. The bit of apple fell out of her mouth: she awoke, and sat up, and said, "Where am I?"

The Prince said, "You are with me. I never saw anyone as beautiful as you. Come with me and be my Queen."

The Prince married Snow-white, and she became his Queen.

A man went and told this to the bad Queen. When she heard it she was so angry that she fell down dead.

Snow-white lived and was very happy ever after. And the Little Men came to see her every year.

2.5 课后练习

选择题

1. 在键盘分区中，"Alt"键位于（　　）。

    A. 主键盘区   B. 编辑控制键区

    C. 数字小键盘区   D. 功能键区

2. 按下（　　）键，可实现换行操作。

    A. Delete   B. Tab

    C. Enter   D. BackSpace

3. 输入上档字符时，需配合使用（　　）键。

    A. Ctrl   B. Shift

    C. Alt   D. Caps Lock

简答题

1. 键盘按其按键的功能和排列位置，可以划分为几个区？各区中包含哪些按键？

2. 手指在键盘中是怎样分工的？基准键位是指哪几个键位？

3. 操作键盘的正确姿势是怎样的？

实践操作题

1. 在"写字板"程序中输入下面的英语短篇。

An American, a Scot and a Canadian were killed in a car accident. They arrived at the gates of heaven, where a flustered St. Peter explained that there had been a mistake. "Give me $500 each," he said, "and I'll return you to earth as if the whole thing never happened."

"Done!" said the American. Instantly, he found himself standing unhurt near the scene.

"Where are the others?" asked a medic.

"Last I knew," said the American, "the Scot was haggling price, and the Canadian was arguing that his government should pay."

2. 使用金山打字通进行键盘指法练习。

第 3 章　认识汉字输入法

本章讲些什么

❖ 初识汉字输入法。

❖ 输入设置与切换。

❖ 拼音输入法的使用。

❖ 初步了解五笔字型输入法。

❖ 典型实例——输入古诗"望庐山瀑布"。

● ● ● ● ● ● ● ● ● ● ● ● ● ●

月月：老师，我现在想用电脑写一篇会议通知，可是按下键盘上的键位后只能输入英文字符，这是怎么回事啊？

老师：这是因为电脑内部的编码采用的是英文，所以需要借助汉字输入法才能输入汉字。

学生：原来是这么回事啊，老师，你快教我汉字输入法的使用吧！

● ● ● ● ● ● ● ● ● ● ● ● ● ●

3.1 初识汉字输入法

默认情况下，按下键盘上的某个键位将直接输入英文字符。如果要在电脑中输入汉字，就必须使用汉字输入法。那么，常见的汉字输入法有哪些呢？它们又有哪些不同？本节将对这些疑点进行解答。

3.1.1 汉字输入法的分类

汉字输入法的种类很多，如拼音输入法、五笔字型输入法和区位码输入法等，并且这些输入法还可以进一步细分。尽管汉字输入法有很多种，但就其编码方式来说，主要分为以下 3 种。

❖ 音码：以汉字的读音为基准对汉字进行编码，这类输入法简单易学，不需要特殊的记忆，直接输入拼音便可输入汉字。但是，这类输入法重码率高，难于处理不认识的生字，且输入速度相对较慢。目前常见的有搜狗拼音输入法、Windows 操作系统自带的微软拼音输入法等。

❖ 形码：是根据汉字的字形来进行编码的，具有重码少，不受方言干扰等优点，即使发音不准或者不认识的生字也不会影响汉字的输入，从而达到较高的输入速度。但是，这类输入法要求记忆编码规则、拆字方法和原则，因此学习难度较大。目前常见的有五笔字型输入法。

❖ 音形码：是根据汉字的读音特征和字形特征进行编码的，这类输入法的优缺点介于音码和形码之间，需要记忆输入规则及方法，且存在一定的重码。目前常见的有两笔输入法。

3.1.2 几种常见的汉字输入法

无论是音码、形码，还是音形码，目前都有着自己的用户群体，初学者可以根据自己的需求选择合适的汉字输入法。下面对几种常见汉字输入法的特点进行介绍，供读者参考学习。

1. 微软拼音输入法

微软拼音输入法是一种基于语句的智能型拼音输入法，它集拼音输入、手写输入和语音输入为一体，具有强大的功能，主要包括以下几个方面。

❖ 中英文混合输入：在这种输入模式下，用户可以连续地输入英文单词和汉语拼音，而不必切换中英文输入状态。微软拼音输入法会根据上下文自动判断输入类型，然后做相应的转换。

❖ 双拼输入：在双拼输入模式下，电脑键盘的一个键既可以代表汉语拼音的一个完整声母，也可以代表一个完整的韵母，每一个汉字的输入需要击两个键，第一个键为声母，第二个键为韵母，用户还可以自定义双拼键位。使用双拼输入模式可以减少击键次数，提高汉字输入的速度。

❖ 模糊音输入：如果用户对自己的普通话发音不是很有把握，可以使用模糊拼音输入模式。在此输入模式下，微软拼音输入法会把容易混淆的拼音组成模糊音对，当用户输入模糊音对中的一个拼音时，另一个也会出现在候选框中。

❖ 使用带声调输入：在汉语拼音的输入过程中，用户可以在每个拼音的最后加上汉字的声调作为音节区分，这将减少汉字的重码率。带声调输入汉字可以提高汉字输入的准确率，但在中英文混合输入或逐键提示状态下是不支持带声调输入的。

2. 全拼输入法

全拼输入法是一种音码输入法，它直接利用汉字的拼音字母作为汉字代码，用户只要掌握最基本的拼音知识即可进行汉字输入。全拼输入法的主要功能特点如下。

❖ 快速输入偏旁部首：在全拼输入法状态下直接输入"pianpang"（"偏旁"的拼音）后，提示框中就会出现各种偏旁，若需要的偏旁不在其中，可以按下"+"（或"-"）键向前（或向后）翻页进行选择。

❖ 模糊输入：全拼输入法支持"？"通配符，当不清楚发音时可以输入"？"（多位查询可输入多个"？"），它代表任意一位合法编码。

❖ 词语输入：全拼输入法还增加了词语输入的功能，只需输入一个词语的完整拼音即可。

3. 智能 ABC 输入法

智能 ABC 输入法是一种音形码输入法，它以输入快捷、需记忆编码少和输入方法多等特点赢得了不少用户的青睐。智能 ABC 输入法的主要功能特点如下。

❖ 全拼词组输入：全拼录入的编码规则同前面介绍的全拼输入法类似，它也是按照汉语拼音进行输入，其输入过程和书写汉语拼音时一致，但它可以一次输入多个汉字的拼音。

❖ 简拼输入：如果对汉语拼音掌握得不是很好，可使用简拼输入。简拼的编码规则是取各个音节的第一个字母，对于包含复合声母如"zh"、"ch"等音节，可以取前两个字母组成。

❖ 混拼输入：混拼输入不仅能减少编码的击键次数，还能减少重码率。混拼的编码规则是对两个音节以上的词语，一部分用全拼，一部分用简拼。例如，要输入"新年"，只需输入"xinn"，然后按下空格键，在出现的候选框中选择要输入的词语即可。

❖ 笔形输入：在不会汉语拼音或不知道某个字的读音时，可以用笔形输入。笔形输入的编码规则是按照基本的笔画形状，共分为 8 类，用数字 1～8 作为代码，取码时按照笔顺即写字的习惯，最多取 6 笔。要采用笔形输入，需要在智能 ABC 输入法的属性中进行设置。

4. 搜狗拼音输入法

搜狗拼音输入法是当前网上较流行、用户好评率较高的拼音输入法。搜狗拼音输入法将 Internet 中出现的新词、热词收入到词库中，无论是软件名、电视剧名，还是歌手名，它都能快速将其打出。

使用搜狗拼音输入法，除了通过常规的全拼、简拼和混拼 3 种输入方式输入汉字外，还可通过模糊音、人名模式和网址模式等方式快速输入需要的内容。

❖ 人名输入模式：搜狗拼音输入法提供了人名输入模式，通过该模式可快速输入人名。例如键入拼音"liangjingru"，搜狗拼音输入法会自动组出一个或一个以上人名，且第一个以红色显示。

❖ 网址输入模式：搜狗拼音输入法提供了网址输入模式，使用户能够在中文输入状态下快速输入网址。只要键入以"www."、"http:"和"mailto:"等开头的字符时，会自动进入英文输入状态，然后便可输入诸如"sina.com"之类的网址。

5. 王码五笔输入法

王码五笔输入法是一种形码输入法，是最早的五笔输入法。王码五笔输入法具有以下几个显著特点。

❖ 不受汉字读音影响，只要能写出汉字，即可正确打出该字。

❖ 使用王码五笔输入法不仅能输入单字，还能输入词组，打字速度较拼音输入法提高了很多。

❖ 使用王码五笔输入法，无论多么复杂的汉字或词组，最多击键 4 次便可输入。

❖ 王码五笔输入法可以简码方式输入汉字，有的汉字只需击键 1～3 次就可输入。

❖ 较其他输入法，王码五笔输入法的重码较少。

6. 极点五笔输入法

极点五笔输入法是目前用户较多的五笔字型输入法之一。由于该输入法以王码五笔输入法为蓝本进行编码，因此使用该输入法输入汉字的方法与王码五笔完全一致。但极点五笔输入法兼容 Windows Vista 操作系统，并且在词组量上有所增加。

 在使用搜狗拼音输入、王码五笔输入法等第三方输入法时，需要用户自行下载并安装。

3.1.3 疑难解答——拼音输入法好用，还是五笔输入法好用

不论是拼音输入法还是五笔输入法都有各自的优缺点，用户可以根据自己的需要选择使用。拼音输入法有易学易用的优点，只要会汉语拼音，便可轻松使用拼音输入法输入汉字，但拼音输入法重码较多，经常需要选字，因此其打字速度相对较慢；五笔输入法的优

点是，不管认识不认识的汉字，只要会写，就可以打出该字，重码也较少，但在学习五笔输入法时需要记忆五笔字根。不过一旦掌握五笔输入法的技巧，其打字速度是远远超过拼音输入法的，这一点对于文秘、文字录入员等职业尤为重要。

3.2 输入法设置与切换

安装操作系统后，默认只有英文和微软拼音输入法处于可用状态，若要使用全拼、双拼等系统自带的输入法，则需要手动将其添加到输入法列表中。若要使用王码五笔等第三方输入法，还需要用户自行下载并安装。

3.2.1 切换输入法

若要在电脑中输入汉字，需要先切换到汉字输入法，具体操作步骤如下。

第1步： 切换输入法

❶ 在任务栏中单击输入法图标█。
❷ 在弹出的菜单中选择需要的输入法，如"微软拼音输入法 2007"。

按下"Shift+Ctrl"组合键，可在多个输入法之间轮流切换。此外，按下"Ctrl+Space"组合键，可切换到英文输入状态，再按下"Ctrl+Space"组合键可返回之前使用的汉字输入法。

第2步： 切换输入法后的效果。

此时，输入法图标将显示为微软拼音输入法图标█，并在其后显示相应的输入法状态条。

当输入法图标显示为█时，表示当前为英文输入状态。此外，并不是所有输入法的状态条都附在任务栏中，如切换到智能 ABC 输入法后，其输入法状态条将浮于屏幕上方；切换到三讯五笔输入法，则不会显示输入法状态条。

3.2.2 添加与删除输入法

Windows Vista 操作系统自带了多种输入法，若没有适合自己的输入法，可手动添加。对于一些不常用的输入法，可将其删除，以便快速切换到需要的输入法。

1. 添加输入法

在切换输入法时，如果菜单中没有需要的输入法，可手动添加。下面以添加 Windows Vista 操作系统自带的"简体中文双拼（版本 6.0）"输入法为例，讲解具体操作步骤。

第1步：选择"设置"命令

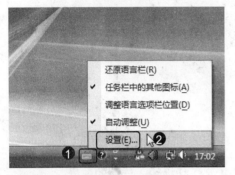

❶ 使用鼠标右键单击输入法图标。

❷ 在弹出的快捷菜单中选择"设置"命令。

第2步：单击"添加"按钮

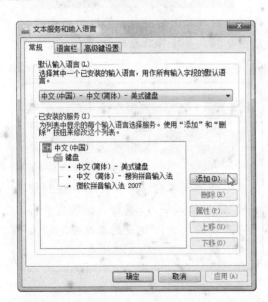

在弹出的"文本服务和输入语言"对话框中单击"添加"按钮。

第3步：添加输入法

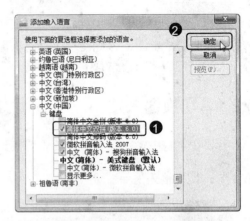

❶ 弹出"添加输入语言"对话框，在列表框的"中文（中国）"-"键盘"栏中，勾选"简体中文双拼（版本 6.0）"复选框。

❷ 单击"确定"按钮。

第4步：单击"确定"按钮

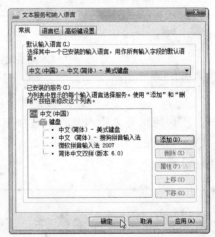

返回"文本服务和输入语言"对话框，在"已安装的服务"列表框中可以看见刚才添加的输入法，单击"确定"按钮保存设置。

2. 删除输入法

当电脑中添加了多种输入法时,无论是通过输入法图标切换输入法,还是按"Ctrl+Shift"组合键切换输入法,切换起来都相当麻烦,且速度也较慢。针对这样的情况,可以将不常用的输入法删除掉,具体操作步骤如下。

第1步:删除输入法

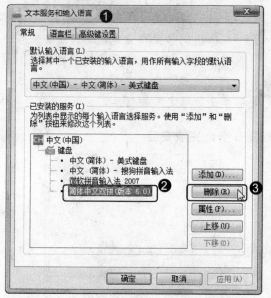

❶ 打开"文本服务和输入语言"对话框。

❷ 在"常规"选项卡的"已安装的服务"列表框中选中要删除的输入法,例如"简体中文双拼(版本 6.0)"。

❸ 单击"删除"按钮。

第2步:保存设置

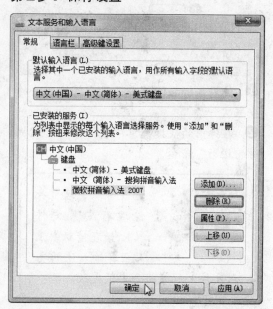

此时,"已安装的服务"列表框中已没有简体中文双拼(版本 6.0)输入法了,单击"确定"按钮保存设置。

在"已安装的服务"列表框中选中某输入法后,可通过单击"上移"按钮或"下移"按钮调整其顺序。

3.2.3　安装第三方输入法

对于不是系统自带的输入法,例如五笔字型输入法、搜狗拼音输入法等,需要先到网上下载安装程序,再运行该程序,才能将其安装到电脑中。下面以安装工码五笔 86 版为例,讲解具体操作步骤。

第1步：运行程序

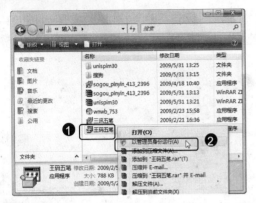

❶ 使用鼠标右键单击王码五笔输入法的安装文件。

❷ 在弹出的快捷菜单中选择"以管理员身份运行"命令。

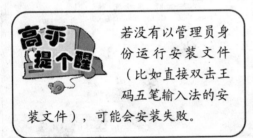

若没有以管理员身份运行安装文件（比如直接双击王码五笔输入法的安装文件），可能会安装失败。

第2步：选择版本

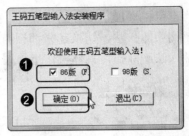

❶ 在弹出的"王码五笔型输入法安装程序"对话框中选择需要安装的版本，这里选择"86版"复选框。

❷ 单击"确定"按钮。

第3步：完成安装

稍等片刻，在接下来弹出的向导对话框中会提示安装完毕，单击"确定"按钮。至此，完成了王码五笔86版的安装。

3.2.4 认识输入法状态条

切换到某个输入法后，屏幕上会出现相应的输入法状态条。绝大多数输入法软件都可通过状态条设置输入状态，如中/英文切换、全/半角切换等。下面以王码五笔86版为例，介绍如何通过状态条设置输入状态。

1. 中/英文切换

在输入法状态条中，圆是中/英文切换按钮，对其单击可在中文输入状态和英文输入状态之间进行切换。默认情况下，中/英文切换按钮显示为圆，表示当前处于中文输入状态，此时可输入中文，单击该按钮可切换到英文输入状态，并显示为A，此时可输入英文字母。

中文输入状态

英文输入状态

52

使用王码五笔86版时，按下"Caps Lock"键可快速在中/英文输入状态之间进行切换。

2. 全/半角切换

在输入法状态条中，全/半角切换按钮默认显示为 ，表示当前处于半角输入状态，单击该按钮可切换到全角输入状态，并显示为 。

半角输入状态

全角输入状态

按下"Shift+Space"组合键，可快速在全/半角输入状态之间进行切换。

当处于半角输入状态时，输入的字母、数字和符号只占半个汉字的位置。当处于全角输入状态时，输入的字母、数字和符号占一个汉字的位置。

半角字符

ASDFGHJKLUTQIUPNMVCW
01234567899868113815476692
~!@#$%^&*(){}?[]+@%&;<>

全角字符

ASDFGHJKUPNMCW
0 1 2 3 4 5 6 7 8 9 9 8 6 8
! @ # $ % & * ^ ( ) { } < >

3. 中/英文标点切换

在输入法状态条中，中/英文标点切换按钮默认显示为 ，表示当前处于中文标点输入状态，此时可输入中文标点，单击该按钮可切换到英文标点输入状态，并显示为 ，此时可输入英文标点。

中文标点输入状态

英文标点输入状态

按下"Ctrl+."组合键，可快速在中/英文标点输入状态之间进行切换。

4. 软键盘开关

在输入法状态条上有一个软键盘开/关切换按钮██，对其单击可打开或关闭软键盘，此时单击软键盘上的键可输入对应的字符。

打开的软键盘

使用鼠标右键单击软键盘开/关切换按钮██，在弹出的快捷菜单中可以选择软键盘类型，例如选择"拼音"，可打开拼音软键盘，此时单击软键盘上的键可输入对应的拼音。

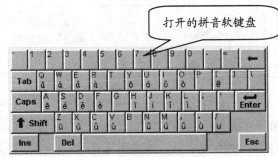

打开的拼音软键盘

3.2.5　知识扩展——设置默认输入法

录入汉字时，如果不需要进行输入法的切换，而是直接使用惯用的输入法，可以将它设置为默认的输入法。例如，要将王码五笔 86 版设置为默认的输入法，可按照下面的操作步骤实现。

第1步：选择"设置"命令

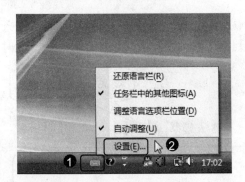

❶ 使用鼠标右键单击输入法图标。
❷ 在弹出的快捷菜单中选择"设置"命令。

第2步：设置默认输入法

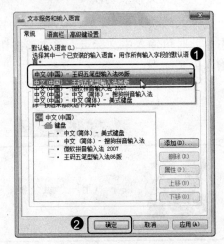

❶ 弹出"文本服务和输入语言"对话框，在"默认输入语言"下拉列表框中选择"中文（中国）-王码五笔型输入法

86 版"选项。

❷ 设置好后单击"确定"按钮即可。

3.2.6 疑难解答——怎样快速切换到常用输入法

当电脑中添加了多种输入法时，为了能快速切换到某个输入法，可对其设置快捷键。例如，要对王码五笔字型输入法 86 版设置快捷键，可按照下面的操作步骤实现。

第1步：单击"更改按键顺序"按钮

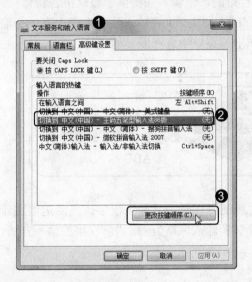

❶ 打开"文本服务和输入语言"对话框。

❷ 切换到"高级键设置"选项卡。

❸ 在"操作"列表框中选择"切换到中文（中国）-王码五笔型输入法 86 版"选项。

❹ 单击"更改按键顺序"按钮。

第2步：设置快捷键

❶ 弹出"更改按键顺序"对话框，勾选"启用按键顺序"复选框。

❷ 在"键"左侧下拉列表框中选择任意一个选项，这里选择"Ctrl"。

❸ 在"键"右侧下拉列表框中选择一个数字键，这里选择"0"。

❹ 单击"确定"按钮。

第3步：单击"确定"按钮

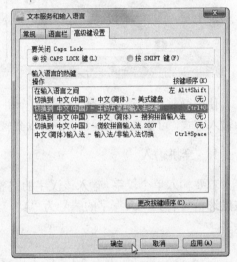

返回"文本服务和输入语言"对话框，单击"确定"按钮保存设置。

高示提个醒 通过上述设置后，以后按下快捷键（"Ctrl+0"），可从任意一种输入法切换到王码五笔型输入法 86 版。

3.3 拼音输入法的使用

拼音输入法具有易学易用的优点，只要会汉语拼音便可输入汉字，因此对于一些只进行简单的文字聊天的用户来说，使用拼音输入法比较方便。本节将介绍几种常见的拼音输入法，用户可根据实际情况选择一款适合自己的输入法。

3.3.1 使用微软拼音输入法

微软拼音输入法是 Windows Vista 操作系统自带的，该输入法提供了微软拼音新体验、微软拼音经典和 ABC 输入风格 3 种，以满足用户的不同需求。在输入法状态条上有一个输入风格按钮，默认显示为 ▓，对其单击，可在弹出的菜单中选择需要的风格。

ABC 输入风格是一种基于词的输入模式，完全兼容以往系统自带的智能 ABC 输入法。

使用微软拼音输入法时，可采用全拼、简拼和混拼 3 种方式输入汉字，灵活运用这几种输入方式，可提高输入速度。下面以微软拼音新体验输入风格为例，讲解汉字的输入方法。

1. 全拼输入

若要输入单个汉字，输入该汉字的完整拼音即可。例如要输入"人"字，键入拼音"ren"，在候选框可看到"人"字的编号为"1"，此时按下数字键"1"，然后按下空格键即可输入该字。

> ren
> 1人 2任 3仁 4认 5忍 6刃 7壬 8韧 9仞 ◄ ►

候选框上方显示的字母是当前正在键入的拼音，按下某个数字键后，会显示其对应的汉字。

若要输入词组，按顺序依次输入词组的完整拼音即可。例如要输入词组"阻止"，键入拼音"zuzhi"，在候选框中可看到"阻止"的编号为"2"，此时按下数字键"2"，然后按下空格键即可输入该词组。

> zuzhi
>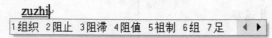
> 1组织 2阻止 3阻滞 4阻值 5祖制 6组 7足 ◄ ►

 键入拼音（如"xiao"）后，如果候选框中没有需要的字（如"宵"）或词，此时可单击候选框中的"上一页"按钮或"下一页"按钮进行翻页。此外，按下"PageUp"键或"-"键可向上翻页，按下"PageDown"键或"+"键可向下翻页。

2. 简拼输入

简拼输入是指在输入汉字编码时，无需输入单个汉字或词语的完整拼音，只输入拼音的第一个字母即可。

例如输入"我"字，只需键入"w"，在候选框可看到"我"字的编号为"1"，此时按下两次空格键即可输入"我"字。

w
| 1我 2无 3吴 4为 5文 6外 7位 8问 9万 | ◀ ▶ |

例如输入词组"随机"，只需键入"sj"，在候选框中可看到"随机"的编号为"2"，此时按下数字键"2"，然后按下空格键即可输入该词组。

sj
| 1司机 2随机 3伺机 4死机 5俟机 6赛季 | ◀ ▶ |

 使用微软拼音新体验输入风格输入汉字时，候选框中的汉字会根据使用频率进行排序。

此外，如果汉字的拼音中包含复合声母如"zh"、"ch"等音节，应取前两个字母组成。例如输入词组"输入"，需键入"shr"，在候选框中可看到"输入"的编号为"3"，此时按下数字键"3"，然后按下空格键即可输入该词组。

shr
| 1收入 2深入 3输入 4射入 5渗入 6舍入 | ◀ ▶ |

3. 混拼输入

混拼输入是根据字、词的使用频率，将全拼和简拼进行混合使用。该输入方式主要用于词组的输入，在输入时部分字用全拼，部分字用简拼，从而减少击键次数和重码率，提高输入速度。例如输入词组"汉字"，可键入"hanz"，也可键入"hzi"。

hanz
| 1汉字 2汉子 3汉族 4旱灾 5汗渍 6酣醉 | ◀ ▶ |

hzi
| 1汉字 2活字 3孩子 4合资 5耗资 6汉子 | ◀ ▶ |

 输入词组时，有时为了避免歧义可使用隔音符号"'"（按下主键盘区中的 ⌷ 键可输入隔音符号"'"）。例如要输入词组"西安"，键入拼音时应键入"xi'an"，若键入"xian"，会将其视为单个汉字的全拼。

3.3.2　使用搜狗拼音输入法

搜狗拼音输入法属于第三方输入法，因此使用该输入法前需要将它下载并安装到电脑中，通过访问官方网站（http://pinyin.sogou.com）便可下载到搜狗拼音输入法的最新版本。本节将以"搜狗拼音输入法4.3.1版"为例，讲解该输入法的使用方法。

使用搜狗拼音输入法时，除了通过常规的全拼、简拼和混拼3种输入方式输入汉字外，还具有输入特殊字符、模糊音输入和拆分输入等功能，接下来主要对这些功能进行讲解。

1.　输入特殊字符

使用搜狗拼音输入法时，不仅可以通过软键盘输入特殊字符，还可通过对话框输入，具体操作步骤如下。

第1步：选择符号类型

❶ 单击状态条中的"菜单"按钮 🔧。

❷ 在弹出的菜单中选择"表情&符号"命令。

❸ 在弹出的子菜单中选择符号类型，例如"特殊符号"。

第2步：单击要输入的符号

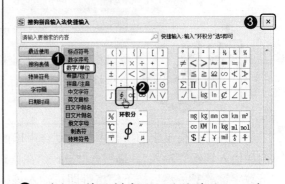

❶ 弹出"搜狗拼音输入法快捷输入"对话框，在列表框的左侧可选择符号类型，例如"数字/单位"。

❷ 在列表框中单击需要输入的符号即可输入。

❸ 输入完成后，单击"关闭"按钮关闭对话框即可。

2.　使用模糊音输入

模糊音输入方式是专为容易混淆某些音节的用户所设计的。例如汉字"四（si）"和"是

（shi）"的拼音容易混淆，开启模糊音输入功能后，键入拼音"si"，候选框中会同时提供拼音为"si"和"shi"的汉字。

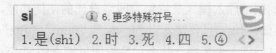

默认情况下，模糊音输入方式已开启，如果希望手动设置需要支持的模糊音，可按下面的操作步骤实现。

第1步：选择"设置属性"命令

❶ 单击状态条中的"菜单"按钮 🔧。

❷ 在弹出的菜单中选择"设置属性"命令。

第2步：单击"模糊音设置"按钮

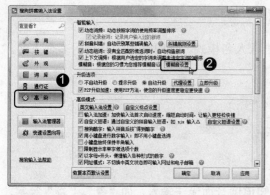

❶ 弹出"搜狗拼音输入法设置"窗口，切换到"高级"选项卡。

❷ 在"智能输入"选项组中单击"模糊音设置"按钮。

第3步：设置需要支持的模糊音

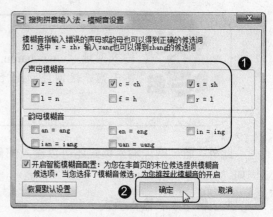

❶ 弹出"搜狗拼音输入法-模糊音设置"对话框，勾选需要支持的模糊音前的复选框。

❷ 设置完成后，单击"确定"按钮。

第4步：保存设置

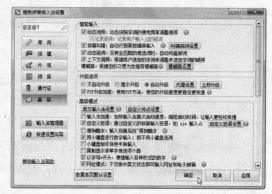

返回"搜狗拼音输入法设置"窗口，单击"确定"按钮保存设置即可。

3. 输入网址

搜狗拼音输入法的网址输入模式是特别为网络设计的便捷功能，使用户能够在中文输入状态下输入几乎所有的网址。只要键入以"www."、"http:"、"ftp:"、"telnet:"和"mailto:"等开头的字符时，会自动进入英文输入状态，然后便可输入诸如"sohu.com"之类的网址。

例如要输入网址"www.baidu.com"，先键入"www."，接着键入网址"baidu.com"，完成输入后按下空格键即可。

 输入网址"www.baidu.com"时，当键入"b"后，会在候选框下面显示该网址，此时直接按下空格键可快速输入该网址。

此外，通过网址输入模式还可以输入邮件地址，但只能输入前缀不含数字的邮件地址，例如"yilian@126.com"。

4. 使用人名输入模式

搜狗拼音输入法提供了人名输入模式，通过该模式可快速输入人名。例如键入拼音"liangjingru"，搜狗拼音输入法会自动组出一个或一个以上人名，且第一个以红色显示。

如果需要更多的人名选择，可按"6"键进入人名模式，此时选框中会显示多个人名。当需要退出人名模式时，再次按"6"键即可。

liang'jing'ru	ⓘ 6. 退出人名模式			
1.梁静茹	2.梁静如	3.梁景茹	4.梁景如	5.梁晶茹

5. 拆分输入

在输入一些似曾相识的汉字时，却因为不知道读音而无法输入，如"淼"、"焱"等字，此时可通过搜狗拼音输入法提供的拆分输入功能输入，即直接输入生僻字的组成部分的拼音即可。

例如，要输入"淼"字，可键入拼音"shuishuishui"，候选框中会出现一个"6.淼（miǎo）"的选项，此时按下"6"键便可输入"淼"字。

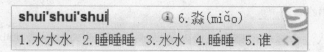

再如，要输入"嫑"字，可键入拼音"buyao"，候选框中会出现一个"6.嫑（biáo）"的选项，此时按下"6"键便可输入"嫑"字。

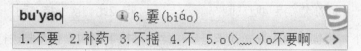

3.3.3　使用紫光拼音输入法

紫光拼音输入法是使用率较高的一种拼音输入法，它具有简单易学、零记忆和智能组词等特点。使用紫光拼音输入法时，不仅可以使用全拼、简拼和混拼 3 种输入方式输入汉字，还可通过智能组词和模糊音等方式输入汉字。下面主要讲解智能组词和模糊音两种输入方式。

1.　智能组词输入

对于词库中没有的词或短语，紫光拼音输入法会搜索相关的字和词，智能组成所需的词或短语，并以绿色显示在候选框中的第一个位置。例如键入拼音"ziguangpinyinshurufa"时，紫光拼音输入法会自动组出一个词，并以绿色显示。

如果紫光拼音输入法组出的词不是需要输入的，这时可手动造词。例如要输入词组"知识扩展"，键入拼音"zhishikuozhan"后，输入法组成的词是"只是扩展"，这时就需要手动造词。具体操作方法为：在候选框中可看到"知识"的编号为"4"，按下数字键"4"后候选框中会显示编码为"kuozhan"的词语，此时可看到"扩展"的编号为"1"，按下数字键"1"后即可得到"知识扩展"。

zhi'shi'kuo'zhan　　　◀▶	知识kuo'zhan　　　◀▶
1只是扩展 2只是 3之时 4知识 5指示	1扩展 2扩 3括 4阔 5廓

对于词库中没有的词或短语，只要手动输入过，都会自动记录到词库中，当再次输入时，可不必键入完整的拼音。例如再次输入词组"紫光拼音输入法"，只需键入"zgpyshrf"。再次输入词组"知识扩展"，只需键入"zhshkzh"。

搜狗拼音输入法也提供了智能词组输入的功能，读者可参照本节的知识点进行尝试。

2. 模糊音输入

紫光拼音输入法也提供了模糊音输入的功能，以方便容易混淆某些音节的用户使用。例如键入拼音"ci"，候选框中会提供"吃"等字；键入拼音"chi"，候选框中会提供"此"、"次"等字。

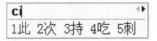

默认情况下，模糊音输入方式并未开启，此时可按下面的操作步骤进行开启。

第1步：选择"设置属性"命令

❶ 在紫光拼音输入法状态条中，单击"输入法系统菜单"按钮 ▦。

❷ 在弹出的菜单中选择"设置属性"命令。

第2步：模糊音设置

❶ 弹出"紫光拼音输入法-属性设置和管理中心"窗口，在"输入法设置"栏中选择"模糊音"选项。

❷ 在"模糊音设置"栏中勾选需要支持的模糊音前的复选框。

❸ 设置完成后，单击"确定"按钮。

第3步：单击"确定"按钮

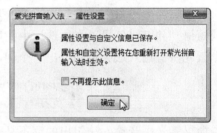

弹出"紫光拼音输入法-属性设置"提示对话框，提示设置将在重新打开紫光拼音输入法时生效，单击"确定"按钮关闭对话框即可。

在紫光拼音输入法中，当出现候选框后，需要按句号向下翻页，按逗号向上翻页。

3.3.4 知识扩展——输入拼音中含"ü"的汉字

由于键盘上没有字母键"ü",因此当要键入拼音"ü"时,可按下字母键"v"来替代。例如要使用微软拼音输入法输入"吕"字,需键入拼音"lv",此时在候选框中可看到"吕"字的编号为"3",此时按下数字键"3",然后按下空格键即可输入该字。

再如要使用搜狗拼音输入法输入"女"字,需键入拼音"nv",此时在候选框中可看到"女"字的编号为"1",按下空格键即可输入该字。

3.3.5 疑难解答——如何快速输入中文数字

在使用微软拼音 ABC 输入风格时,在中文输入状态下,通过前导字符"i"或"I"可快速输入中文数字。

❖ "i"为输入小写中文数字的前导字符,例如要输入"二〇一〇",键入"i2010",然后按下空格键即可。

❖ "I"为输入大写中文数字的前导字符,例如要输入"贰零壹零",按下"Sift+i"组合键键入大写字母"I",再依次键入"2010",最后按下空格键即可。

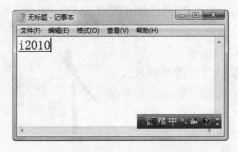

3.3.6 疑难解答——怎样快速输入英文字母

使用拼音输入法时,了解如何在中文输入状态下输入英文字母可提高文字录入速度,下面分别介绍以上几种拼音输入法的输入方法。

❖ 使用微软拼音新体验或微软拼音经典输入风格时,键入一串拼音字母,在转换为汉字前按下"Enter"键,可快速输入相应的英文。

❖ 使用微软拼音 ABC 输入风格时,先键入字母"v",再依次键入需要输入的英文字母即可。例如要输入"diannao",依次键入字母"vdiannao",然后按下空格键即可。

❖ 使用搜狗拼音输入法或紫光拼音输入法时,直接输入一串英文字母,然后按下"Enter"键即可。

使用微软拼音 ABC 输入风格时，在中文输入状态下，只需键入 "v1" ~ "v9"，就可输入 GB-2312 字符集 1~9 区的各种符号。例如要输入 "ǎ"，键入 "v8"，在出现的候选框中可看到 "ǎ" 的编号为 "3"，此时按下数字键 "3" 即可输入 "ǎ"。

3.4 初步了解五笔字型输入法

五笔字型输入法的出现主要是为了解决汉字录入速度的问题，它不受汉字读音影响，只要能写出汉字，即可正确打出该字。使用五笔字型输入法不仅能输入单字，还能输入词组，且无论多么复杂的汉字或词组，最多击键 4 次便可输入，大大提高了汉字的录入速度。本节将对五笔字型输入法的工作原理进行简单介绍，使初学者对五笔字型输入法有一个初步的了解。

3.4.1 五笔字型输入法的原理

1986 年，五笔字型输入法创始人王永民教授推出了 "五笔输入法 86 版"（又称为王码五笔 86 版）。为了使五笔输入法更加完善，王永民教授于 1998 年又推出了 98 版五笔字型输入法。但总的来说，不论是 86 版还是 98 版，其工作原理都一样。

五笔字型输入法的基本原理为：先将汉字拆分成一些最常用的基本单位，叫做字根。字根可以是汉字的偏旁部首，也可以是部首的一部分，甚至是笔画。例如，"仁" 字可以拆分为 "亻" 和 "二"。取出这些字根后，按其一定的规律分类，并依据科学原理分配在键盘上作为输入汉字的基本单位。当需要输入汉字时，将汉字按照一定规律拆分为字根，然后依次按下键盘上与字根对应的键，组成一个代码，系统会根据输入的代码，在五笔输入法的字库中检索出需要的字，这样便可输入想要的汉字了。

3.4.2 五笔字型输入法的学习阶段

使用五笔字型输入法时，首先要将汉字拆分为字根，才能根据字根所对应的键位组成编码，最终录入汉字，因此学习五笔字型输入法时，大概可以分为以下几个阶段。

❖ 了解五笔字型输入法的基础知识及编码规则。

❖ 了解字根在键盘上的分布位置，即字根所对应的键位。

❖ 五笔字型输入法中汉字的拆分方法。

❖ 记忆字根，并根据拆分方法对汉字进行拆分输入。

❖ 掌握简码和词组的输入方法。

3.4.3 知识扩展——使用五笔字型输入法输入诗句

请读者打开"记事本"程序，然后按照下面的步骤使用王码五笔输入法输入诗句"举头望明月，低头思故乡。"初步了解五笔字型输入法的输入原理。

第1步：输入"举头望明月"

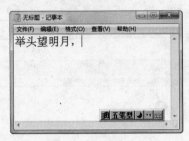

❶ 启动"记事本"程序后，切换到王码五笔输入法。

❷ 键入五笔编码"iwfh"，输入"举"字。

❸ 键入五笔编码"udi"，输入"头"字。

❹ 键入五笔编码"yneg"，输入"望"字。

❺ 键入五笔编码"jeee"，输入词组"明月"。

❻ 按下"，"键，输入逗号"，"。

第2步：输入"低头思故乡"

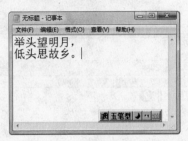

❶ 按下"Enter"键换到下一行后，键入五笔编码"wqud"，输入词组"低头"。

❷ 键入五笔编码"ln"，输入"思"字。

❸ 键入五笔编码"dtxt"，输入词组"故乡"。

❹ 按下"。"键，输入句号"。"。

3.5 典型实例——输入古诗"望庐山瀑布"

本节将结合输入法设置与切换、拼音输入法的使用等相关知识点，练习在"记事本"中输入古诗"望庐山瀑布"，以便了解如何输入汉字。

第1步：使用全拼输入"望"字

❶ 启动"记事本"程序后，切换到微软拼音输入法的新体验输入风格。

❷ 键入拼音"wang"，在候选框中可看到"望"字的编号为"3"。

❸ 按下数字键"3"，再按下空格键即可输入"望"字。

第2步：使用混拼输入词组"庐山"

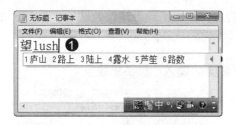

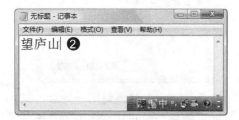

❶ 键入拼音"lush"，在候选框中可看到 "庐山"的编号为"1"。

❷ 按两次空格键即可输入词组"庐山"。

第3步：使用简拼输入词组"瀑布"

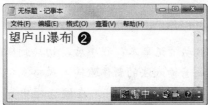

❶ 键入拼音"pb"，在候选框中可看到"瀑 布"的编号为"1"。

❷ 按两次空格键即可输入词组"瀑布"。

第4步：使用全拼输入词组"日照"

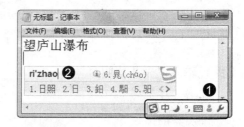

❶ 按下"Enter"键换到下一行后，切换 到搜狗拼音输入法。

❷ 键入拼音"rizhao"，在候选框中可看 到"日照"的编号为"1"。

❸ 按下空格键即可输入词组"日照"。

第5步：使用简拼输入词组"香炉"

❶ 键入拼音"xl"，在候选框中可看到"香 炉"的编号为"1"。

❷ 按下空格键即可输入词组"香炉"。

第6步：使用全拼输入"生"字

❶ 键入拼音"sheng"，在候选框中可看到"生"字的编号为"1"。

❷ 按下空格键即可输入"生"字。

第7步：使用混拼输入词组"紫烟"

❶ 键入拼音"ziy"，在候选框中可看到"紫烟"的编号为"3"。

❷ 按下数字键"3"，即可输入词组"紫烟"。

第8步：输入"遥看瀑布挂前川"

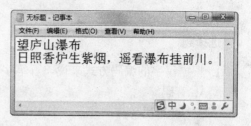

❶ 按下"，"键输入逗号"，"后，结合全拼、简拼和混拼3种方式，使用搜狗拼音输入法输入"遥看瀑布挂前川"。

❷ 按下"。"键，输入句号"。"

第9步：输入"飞流直下三千尺"

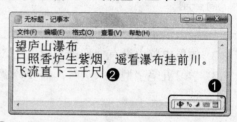

❶ 按下"Enter"键换到下一行后，切换到紫光拼音输入法。

❷ 参照搜狗拼音输入法的使用方法，结合全拼、简拼和混拼3种方式，输入"飞流直下三千尺"。

第10步：输入"疑是银河落九天"

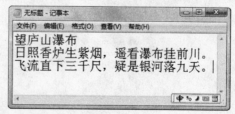

❶ 按下"，"键输入逗号"，"后，使用紫光拼音输入法输入"疑是银河落九天"。

❷ 按下"。"键，输入句号"。"。至此，完成了古诗"望庐山瀑布"的输入。

3.6　课后练习

选择题

1. 根据汉字的编码方式来说，五笔字型输入法属于（　）类输入法。

　　A. 音码　　　　　　　　　　　　B. 形码

　　C. 音形码　　　　　　　　　　　D. 笔形

2. 在王码五笔输入法的状态条中，🀄图标表示（　）。

　　A. 中文输入状态　　　　　　　　B. 英文输入状态

　　C. 中文标点输入状态　　　　　　D. 英文标点输入状态

3. 输入拼音单中含"ü"的汉字时，需要按字母键（　）来替代。

　　A. I　　　　　　　　　　　　　　B. i

　　C. u　　　　　　　　　　　　　　D. v

简答题

1. 输入汉字时，怎样切换到需要使用的输入法？

2. 如果电脑中没有搜狗拼音输入法，该怎么办？

3. 学习五笔字型输入法时，需要分哪几个学习阶段？

实践操作题

1. 在自己的电脑中添加或安装需要使用的输入法，并将不用的输入法删除掉。

2. 使用搜狗拼音输入法在"记事本"中输入古诗"送孟浩然之广陵"。

第4章 迈入五笔输入法殿堂

本章讲些什么

- ❖ 汉字的结构。
- ❖ 五笔字型的字根。
- ❖ 汉字的拆分。
- ❖ 典型实例——易错汉字拆分示例。

月月：通过前面的学习，我现在会打字了。不过，我听说五笔字型输入法比拼音输入法的录入速度快很多，老师，你快教我五笔字型输入法的使用方法吧！

老师：月月，在学习五笔字型输入法之前，还需要掌握五笔字型的基础知识，我先给你讲这方面的知识吧！

月月：好的，那我们现在就开始吧！

4.1 汉字的结构

五笔字型输入法是一种形码类输入法,它与汉字的读音完全无关。因此,要正确使用五笔字型输入法输入汉字,就必须先了解汉字的结构,否则在关键环节上将无法进行。

4.1.1 汉字的 3 个层次

在五笔字型输入法中,无论多么复杂的汉字都是由字根组成的,而字根又是由笔画组成的。例如,"如"字是由"女"和"口"两个字根组成的,其中"女"由"折、一撇、一横"组成,"口"由"一竖、折、一横"组成。

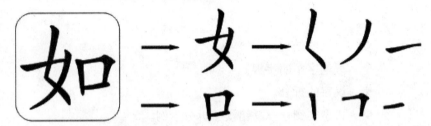

由此可见,根据汉字的组成结构,可将汉字划分为笔画、字根和单字 3 个层次。

1. 笔画

笔画就是通常所说的横、竖、撇、捺和折。在五笔字型输入法中,每个汉字都是由这5 种笔画组合而成的。

2. 字根

字根是由若干笔画交叉复合而形成的相对固定的结构,它是构成汉字最基本的单位,也是五笔字型编码的依据。例如"仁"字,通常认为它由"亻"和"二"组成,这里所说的"亻"和"二"就是字根。

3. 单字

单字就是将字根按照一定的顺序组合起来所形成的汉字。例如将字根"女"和"口"两个字根组合起来就形成了汉字"如",将字根"亻"和"门"两个字根组合起来就形成了汉字"们"。

4.1.2 汉字的 5 种笔画

笔画是指在书写汉字时一次写成的连续不间断的一个线段。在五笔字型输入法中,按照汉字书写笔画的方向,可将笔画分为横(一)、竖(丨)、撇(丿)、捺(乀)和折(乙)5 种。

1. 横（一）

凡运笔方向从左到右和从左下到右上的笔画都包括在"横（一）"中。在"横"笔画内，把"提（╱）"也视为横。例如"坡"字的"土"字旁，最后一个笔画是"╱"，此时需要将其视为横。再如"班"字的"王"字旁，最后一个笔画是"╱"，也需要将其视为横。

将提视为横　一 天 干 事 到　横笔画
　　　　　　 ╱ 玫 班 坡 地

2. 竖（丨）

凡运笔方向从上到下的笔画都包括在"竖（丨）"中。在"竖"笔画内，把"竖左钩（亅）"也视为竖。例如"可"字的最后一个笔画是"亅"，此时需要将其视为竖。再如"事"字的最后一个笔画是"亅"，也需要将其视为竖。

将竖左钩视为竖　丨 干 所 棍 休　竖笔画
　　　　　　　 亅 事 利 可 标

3. 撇（丿）

凡运笔方向从右上到左下的笔画都归类为"撇（丿）"。例如，"作"、"入"等字中的"丿"都属于"撇"笔画。

丿 作 入 禾 升

4. 捺（乀）

凡运笔方向从左上到右下的笔画都归类为"捺（乀）"，其中"点（丶）"也归为捺类。例如"时"、"示"和"的"等字的最后一个笔画是"丶"，需将其视为捺。

将点视为捺　丶 大 合 分 快　捺笔画
　　　　　　丶 不 示 的 文

5. 折（乙）

运笔时出现带转折、拐弯的笔画（除了竖左钩外）都视为"折（乙）"。"折"是5种笔画中变化最多的一种，下面列出了几种"折"的变形笔画和例字。

乚：尤 花 化 毛　　　勹：与 鼎 乌 考

乛：买 子 承 今　　　乀：我 成 代 戋

乚：饶 瓦 以 根　　　乚：世 收 甚 忘

乛：虫 距 片 书　　　乥：孕 场 汤 烫

乚：发 车 诙 刻　　　乁：飞 气 九 几

乛：万 永 成 也　　　乚：专 传 砖 转

4.1.3　汉字的 3 种字型

汉字的字型指构成汉字的各字根之间的结构关系。在五笔字型输入法中，汉字由字根组合而成，即便是同样的字根，也会因组合位置的不同而组成不同的汉字。根据汉字字根间的组合位置，可以将汉字分为左右型、上下型和杂合型 3 种字型。

字型代号	字　型	图　示	例　字
1	左右型		如、认
			树、湖
			部、邵
			指、昭
2	上下型		号、召
			豆、意
			森、焱
			贺、煲
3	杂合型		回、困
			凶、幽
			同、内
			司、勺
			乖、乘

1．左右型

左右型汉字的字根在组成位置上属于左右排列的关系，如"们"、"打"和"休"等字。左右型汉字又包括以下几种情况。

❖ **标准左右型排列**：标准左右型排列的汉字可分为左、右两个部分。例如，"你"和"加"字。

你—亻你　　　　加—加

❖ 左中右型排列：左中右型排列的汉字可分为左、中、右 3 个部分。例如，"树"和"湖"字。

树→木对   湖→氵古月

❖ 其他左右型排列：在汉字中还有一种较为特殊的左右型汉字，该类型汉字的左半部分或右半部分是由多个字根构成的，在五笔输入法中仍然将其视为左右型汉字。例如："邵"和"培"字。

邵→召阝   培→土咅

2. 上下型

上下型汉字的字根在组成位置上属于上下排列的关系，如"思"、"背"和"舅"等字。上下型汉字又包括以下几种情况。

❖ 标准上下型排列：标准上下型排列的汉字可分为上、下两个部分。例如，"李"和"季"字。

李→木子   季→禾子

❖ 上中下型排列：上中下型排列的汉字可分为上、中、下 3 个部分。例如，"壶"和"茗"字。

壶→士冖业   茗→艹夕口

❖ 其他上下型排列：还有一种较为特殊的上下型汉字，这类汉字的上半部分或下半部分是由多个字根构成的。例如："想"和"品"字。

想→相心   品→口口口

3. 杂合型

杂合型汉字的字根在组成位置上并没有固定的排列关系，通常无法将其区分为左右型或上下型，如"凶"、"国"、"区"、"包"等字。杂合型汉字又包括以下几种情况。

❖ 全包围型：组成该类型汉字的一个字根完全包围了汉字的其余组成字根。例如，"困"和"团"字。

困→囗木   团→囗才

❖ 半包围型：组成该类型汉字的一个字根并未完全包围汉字的其余组成字根。例如，"边"和"起"字。

边—边   起—起

❖ **连笔型**：组成该类型汉字的字根之间是紧密相连的，这类汉字通常是由一个基本字根和一个单笔画组成的。例如，"且"和"尺"字。

且—且   尺—尺

❖ **孤点型**：组成汉字的字根中包含"点"笔画，该"点"笔画未与其他字根相连，这种类型的汉字称为孤点型汉字。例如，"术"和"勺"字。

术—术   勺—勺

❖ **交叉型**：组成该类型汉字的字根之间是交叉重叠的关系。例如，"东"和"申"字。

东—东   申—申

❖ **独体型**：这类汉字由单独的字根组成。例如，"日"和"小"字。

日—日   小—小

4.1.4　疑难解答——"自"字属于什么字型

在判断"自"字的字型时，许多用户容易将其判断为"上下型"，但在五笔字型中，通常把它看成是"杂合型"中的"连笔型"汉字。

自—自

4.2　五笔字型的字根

在五笔字型中，字根是组成汉字的基本单位，它是由若干基本笔画交叉相连，并且结构相对不变的笔画结构，接下来就讲解什么是字根的区位号、字根在键盘上的分布等知识。

4.2.1　字根的区位号

在五笔字型输入法中，根据每个字根的起笔笔画，可将这些字根划分为横、竖、撇、捺和折5个"区"，并分别用代号1，2，3，4和5表示区号。例如，"土"字的起笔是横，因此归为横区，即第1区；"田"字的起笔是竖，因此归为竖区，即第2区；"人"字的起笔是撇，因此归为撇区，即第 3 区；"火"字的起笔是捺，因此归为捺区，即第 4 区；"女"字的起笔是折，因此归为折区，即第 5 区。字根的键盘分区如下表所示。

键盘分区	起笔笔画	键位
第 1 区	横起笔	G、F、D、S、A
第 2 区	竖起笔	H、J、K、L、M
第 3 区	撇起笔	T、R、E、W、Q
第 4 区	捺起笔	Y、U、I、O、P
第 5 区	折起笔	N、B、V、C、X

从上表中可看出，每个区包括 5 个键，将每个键称为一个位，可分别用代号 1，2，3，4 和 5 表示位号。将每个键所在的区号作为第 1 个数字，位号作为第 2 个数字，两个数字合起来就表示一个键位，即"区位号"。例如，"H"键的区号为 2，位号为 1，区位号就为 21；"X"键的区号为 5，位号为 5，区位号就为 55。

在五笔字型输入法中，"Z"键不包括在字根的 5 个区中。"Z"键被定义为万能键，当对汉字某部分的编码不清楚时，可以用字母"Z"来代替。

4.2.2　字根的键位分布图

在五笔字型输入法中，将字根在形、音和意等方面进行归类，同时兼顾电脑标准键盘上英文字母（不包括"Z"键）的排列方式，将它们合理地分布在键位 A～Y 共计 25 个英文字母键上，便构成了五笔字型的字根键盘。

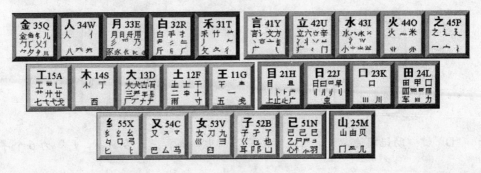

75

4.2.3　认识键名字根与成字字根

在五笔字根键盘中，除了"X"键以外，其余每个键的左上角都有一个完整的汉字字根，这个字根是该组字根中最具代表性且使用最频繁的成字字根，称为键名汉字，共计 24 个。

在各键位的键面上除了键名汉字以外，本身是汉字的字根称为成字字根。例如"D"键上，"大"是键名汉字，"犬"、"古"、"石"、"三"和"厂"是成字字根。

4.2.4　知识扩展——五笔字根助记词

为了使字根的记忆更加容易，五笔字型输入法的创始人王永民教授为每一个键位上的字根编写了一句口诀，即"助记词"。助记词基本包括了五笔字型输入法中的所有字根，读起来琅琅上口，增强了学习的趣味性。

1. 第 1 区字根

第 1 区字根指"G、F、D、S、A"5 个键位上的字根及分布情况，用户可根据下面的"助记词"和注释文字理解、记忆第 1 区字根。

❖ "G"键：助记词为"王旁青头戋（兼）五一"。"王旁"为偏旁部首"王"，"青头"为"青"字的上半部分"龶"，"兼"指"戋"字根（借音转义），"五一"是指"五"和"一"两个字根。

❖ "F"键：助记词为"土士二干十寸雨"。该键除了"土、士、二、干、十、寸、雨"几个字根外，还需记忆"革"字的下半部分"龶"。

❖ "D"键：助记词为"大犬三羊古石厂"。"大、犬、三、古、石、厂"为 6 个字根，

"羊"指羊字底"⺶"。此外，记忆"三"字根时，可联想记忆"⺹、⻏、手"；记忆"厂"字根时，可联想记忆"广、疒、ナ"。

❖ "S"键：助记词为"木丁西"。该键位只有"木、丁、西"3个字根，可直接记忆。

❖ "A"键：助记词为"工戈草头右框七"。"工戈"是指字根"工"和"戈"，"草头"为偏旁部首"艹"，"右框"指"匚"字根。此外，记忆"艹"字根时可联想记忆"卅、廿、廿、卅"。

13D

14S

15A

2. 第2区字根

第2区字根指"H、J、K、L、M"5个键位上的字根及分布情况，用户可根据下面的"助记词"和注释文字理解、记忆第2区字根。

❖ "H"键：助记词为"目具上止卜虎皮"。"目、上、止、卜"为4个字根。此外，"具上"又指"具"字的上半部分"且"，"虎皮"分别指字根"广"、"广"。

❖ "J"键：助记词为"日早两竖与虫依"。"日早"指"日"和"早"两个字根，"两竖"指字根"刂"，"与虫依"指字根"虫"。此外，记忆"刂"字根时，可联想记忆"刂、川"；记忆"日"字根时，可联想记忆"曰、四"。

21H

22J

❖ "K"键：助记词为"口与川，字根稀"。"字根稀"是指该键字根较少，只需记住"口"和"川"两个字根，以及"川"的变形字根"川"。

❖ "L"键：助记词为"田甲方框四车力"。"田甲"指"田"和"甲"两个字根，"方框"指字根"囗"，"四车力"指"四"、"车"和"力"3个字根。

❖ "M"键：助记词为"山由贝，下框骨头几"。"山、由、贝、几"为4个字根，"下框"指字根"冂"，"骨头"指"骨"字的上半部分"⺼"。

23K

24L

25M

3. 第3区字根

第3区字根指"T、R、E、W、Q"5个键位上的字根及分布情况，用户可根据下面的"助记词"和注释文字理解、记忆第3区字根。

❖ "T"键：助记词为"禾竹一撇双人立，反文条头功三一"。"禾竹"指"禾"和"竹"两个字根，"一撇"指字根"丿"，"双人立"指偏旁部首"彳"，"反文"指偏旁部首"攵"，"条头"指"条"字的上半部分"夂"，"共三一"指这些字根都位于区位号为31的"T"键上。

❖ "R"键：助记词为"白手看头三二斤"。"白手"指"白"和"手"两个字根，"看头"指"看"字的上部分"手"，"三二"指这些字根位于区位号为32的"R"键上。此外，记忆"斤"字根时可联想记忆"厂、斤"，同时还要记忆"丿"和"二"两个字根。

❖ "E"键：助记词为"月彡（衫）乃用家衣底"。"月、乃、用"为3个字根，"衫"指"彡"字根（借音转义），"家衣底"分别指"家"和"衣"字的下部分"豕"和"伙"字根，记忆时可联想记忆"豕、以、豸"。此外，还需记忆"丹"和"心"两个字根。

❖ "W"键：助记词为"人和八，三四里"。"人和八"指字根"人"和"八"，"三四里"指这些字根位于区位号为34的"W"键上。此外，还需记忆"癶"、"亻"和"仈"3个字根。

❖ "Q"键：助记词为"金勺缺点无尾鱼，犬旁留义儿一点夕，氏无七(妻)"。"金"指"金"和"钅"两个字根，"勺缺点"指字根"勹"，"无尾鱼"指字根"鱼"，"犬旁"指字根"犭"，"留义"指字根"乂"，"一点夕"指字根"夕"及变形字根"夕、勹"，"儿"指字根"儿"及形字根"儿"，"氏无七"指字根"匚"。

4. 第4区字根

第4区字根指"Y、U、I、O、P"5个键位上的字根及分布情况，用户可根据下面的"助记词"和注释文字理解、记忆第4区字根。

❖ "Y" 键：助记词为"言文方广在四一，高头一捺谁人去"。"言文方广"指"言、文、方、广" 4 个字根，"在四一"表示这些字根位于区位号为 41 的"Y"键，"高头"指"高"字头"亠"和"古"字根；"一捺"指"乀"和"丶"两个字根，"谁人去"指"谁"字去除"亻"后的"讠"和"圭"两个字根。

❖ "U" 键：助记词为"立辛两点六门疒"。"立辛"指"立"、"辛"两个字根以及相近字根"丬"，"两点"指字根"冫"及变形字根"丷、丬、丷"，"六门疒"指字根"六、门、疒"。

❖ "I" 键：助记词为"水旁兴头小倒立"。"水旁"指字根"氵"和"水"，以及变形字根"氺"、"ㄑㄑ"和"ㄋ"；"兴头"指字根"㐌"和"ⅶ"，以及相近字根"业"，"小倒立"指字根"小"和"ⅳ"。

❖ "O" 键：助记词为"火业头，四点米"。"火"指"火"字根，"业头"指"业"字的上半部分"丷"字根及变形字根"ⅶ"，"四点"指"灬"字根，"米"指"米"字根。

❖ "P" 键：助记词为"之宝盖，摘衤（示）衤（衣）"。"之"指字根"之"及相近字根"辶、廴"，"宝盖"指字根"宀"和"冖"，"摘衤（示）衤（衣）"指去除"衤"、"衤"偏旁下方的一点或两点后的"礻"字根，"示"和"衣"为谐音。

5. 第 5 区字根

第 5 区字根指"N、B、V、C、X"5 个键位上的字根及分布情况，用户可根据下面的"助记词"和注释文字理解、记忆第 5 区字根。

❖ "N" 键：助记词为"已半已满不出已，左框折尸心和羽"。"已半"指字根"已"，"已满"指字根"巳"，"不出已"指字根"己"，"左框"指开口向左的方框"匚"字根，"折"指"乙"，"尸"指"尸"及相近字根"尸"，"心和羽"指"心"和"羽"两个字根。此外，记忆"心"字根时，可联想记忆"忄、小"。

❖ "B" 键：助记词为"子耳了也框向上"。"子"指字根"子"及变形字根"孑"，"耳"

指字根“耳”及变形字根“卩、阝、㔾”，“了也”指字根“了”和“也”，“框向上”指框向上开口的“凵”字根。

❖ “V”键：助记词为“女刀九臼山朝西”。“女刀九臼”分别指“女”、“刀”、“九”和“臼”4个字根，“山朝西”指字根“彐”。

❖ “C”键：助记词为“又巴马，丢失矣”。“又巴马”分别指“又”、“巴”和“马”3个字根，“丢失矣”指“矣”字去除下半部分的“矢”字后剩下的字根“厶”。此外，记忆“厶”字根时，可联想记忆变形字根“ス、マ”。

❖ “X”键：助记词为“慈母无心弓和匕，幼无力”。“慈母无心”指字根“口”；“弓和匕”指字根“弓”和“匕”，及“匕”的变形字根“⺊”；“幼无力”指“幼”字去掉“力”旁后的“幺”字根，以及变形字根“纟、纟”。

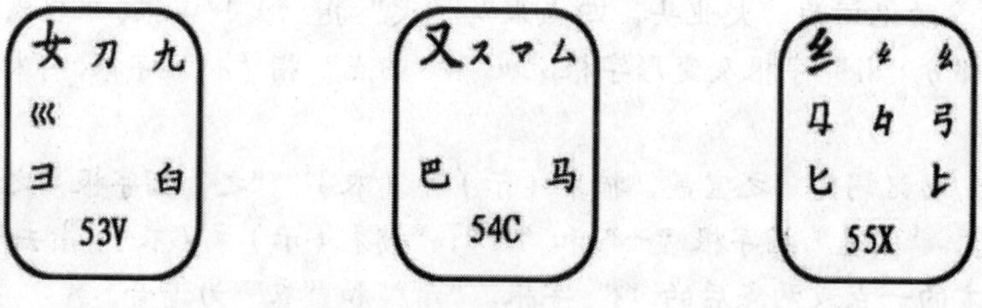

4.2.5 疑难解答——字根在键盘上的分布有何规律

五笔字根并不是杂乱无章地分布在25个字母键上，而是有章可循的。根据字根的分布规律，可更好地理解字根，记忆字根。

1. 字根与键名汉字形态相近

在五笔字根键盘中，除了“X”键以外，其余每个键的左上角都有一个键名汉字。在五笔字根键盘中，那些与键名汉字相似的字根，都分布在该键名汉字所在的键位上。例如，“D”键的键名汉字为“大”，近似的字根有“犬、厂”等；“L”键的键名汉字为“田”，近似的字根有“甲、四”等。

2. 字根首笔笔画代号与区号一致，次笔笔画代号与位号一致

“字根首笔笔画代号与区号一致，次笔笔画代号与位号一致”是指字根是以区位号的方式显示在键盘上。例如，“言、文、方、广”的首笔画都为捺，捺起笔的区号为4，次笔画都为横，竖起笔的区号为1，因此对应的区位号都为41，而区位号“41”对应的键位为“Y”。

以此类推，就会发现许多键位中的字根符合这一规律。

第一笔画为横：第二笔画是横，在"G"键（区位号11），如"弋"。

第二笔画是竖，在"F"键（区位号12），如"士、十、寸、雨"。

第二笔画是撇，在"D"键（区位号13），如"犬、古、石、厂"。

第一笔画为竖：第二笔画是横，在"H"键（区位号21），如"上、止"。

第二笔画是折，在"M"键（区位号25），如"由、贝"。

第一笔画为撇：第二笔画是横，在"T"键（区位号31），如"竹、夂"。

第二笔画是竖，在"R"键（区位号32），如"白、斤"。

第二笔画是捺，在"W"键（区位号34），如"人、八"。

第二笔画是折，在"Q"键（区位号35），如"儿、夕"。

第一笔画为捺：第二笔画是横，在"Y"键（区位号41），如"言、文、方、广"。

第二笔画是竖，在"U"键（区位号42），如"门"。

第二笔画是折，在"P"键（区位号45），如"之、冖"。

第一笔画为折：第二笔画是横，在"N"键（区位号51），如"己、已、尸"。

第二笔画是竖，在"B"键（区位号52），如"也"。

第二笔画是撇，在"V"键（区位号53），如"刀"。

第二笔画是捺，在"C"键（区位号54），如"又、厶"。

第二笔画是折，在"X"键（区位号55），如"纟、幺"。

绝大部分的字根都可先判断其首笔和第2笔的笔画代号，其代号组合起来就构成了该字根的"区位号"，通过它便可知道该字根位于哪个键位上。但也有部分字根的分布不符合此规律，需要在练习中加强记忆。

3. 字根的笔画数与位号一致

基本笔画"一、丨、丿、乀、乙"也是相应键位的字根，它们组合成的其他字根在键盘上也有一定的分布规律。

❖ 基本笔画都只有1笔，位于每个区的第1位，即字根"一、丨、丿、乀、乙"的区位号分别为11，21，31，41和51。

❖ 由两个基本笔画的复合笔画位于每个区的第2位，即字根"二、丬、彡、冫、巛"的区位号分别为12，22，32，42和52。

❖ 由3个基本笔画复合起来的字根位于每个区的第3位，即字根"三、川、彡、氵、巛"的区位号分别为13，23，33，43和53。

4.2.6　疑难解答——如何通过金山打字通记忆字根

要快速记住字根所在的正确键位，仅仅是掌握字根在键盘上的分布规律和熟背字根助记词是远远不够的，还一定要多加练习，建议用户每天使用金山打字通进行字根练习，边练习边记忆字根位置。

下面以"金山打字通 2010"程序为例，讲解字根练习的操作步骤。

第1步：双击桌面程序图标

在系统桌面上双击"金山打字通 2010"图标，启动该程序。

第2步：单击"金山打字通 2010"按钮

在弹出的程序对话框中，单击"金山打字通 2010"按钮。

第3步：用户登录

弹出"用户信息"对话框，在"双击现有用户名可直接加载"列表框中双击用户名进行登录。

第4步：接受或拒绝学前测试

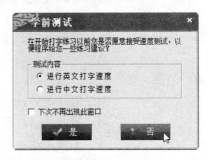

弹出"学前测试"对话框询问是否愿意接受速度测试，用户可根据实际需要单击相应的按钮，这里单击"否"按钮。

第5步：选择练习模块

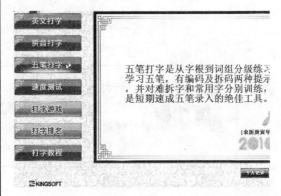

进入"金山打字通 2010"主操作界面，单击"五笔打字"按钮。

第6步：开始练习

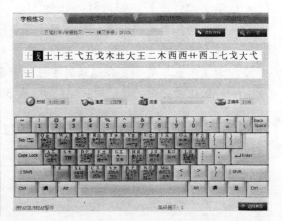

进入五笔打字界面，默认选择的是"字根练习"选项卡，并在该界面中提供了要输入的字根，此时可根据五笔字根键盘分布规律及字根助记词，判断出这些字根所在的键位，然后依次输入这些字根。例如，字根"土"在键位"F"上，按下"F"键便可输入。

第7步：选择课程

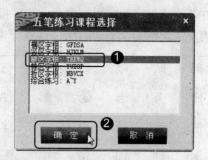

❶ 在练习界面中单击"课程选择"按钮，可在弹出的"五笔练习课程选择"对话框中选择不同的练习课程。

❷ 选择好后单击"确定"按钮。

完成练习后，单击练习界面右下角的"返回首页"按钮可退出练习，并返回程序的主操作界面。在主操作界面中，单击"关闭"按钮可退出程序。

4.3 汉字的拆分

在五笔打字过程中，汉字的拆分是非常重要的环节，如果不能正确拆分汉字，便无法完成输入工作，接下来就讲解字根间有怎样的结构关系、汉字的拆分原则等知识点。

4.3.1 字根间的结构关系

所有的汉字归纳起来都是由一个或多个基本字根构成的，使用五笔字型输入法输入汉字时，首先要明确一个汉字该如何拆分，即应该拆分为哪些字根，这就需要了解字根间的结构关系。在组成汉字时，字根间的结构关系可分为单、散、连和交 4 种。

1. "单"结构汉字

"单"结构汉字是指构成汉字的字根只有一个，这类汉字主要包括 24 个键名汉字和成字字根汉字。例如，下面的汉字都属于"单"结构汉字。

金	人	月	白	言	之
工	大	土	王	目	田
又	女	山	夕	手	斤
辛	米	丁	西	石	雨
五	甲	车	马	耳	心

2. "散"结构汉字

若构成汉字的字根有多个，且字根间有明显的距离，既不相交也不相连，可视为"散"结构汉字。例如，下面的汉字都属于"散"结构汉字。

部	队	眼	睛	相	信
任	务	志	忑	邮	件
估	计	蔬	菜	伙	伴
深	刻	即	使	扩	张
竿	影	对	休	息	故

"散"结构汉字包括左右型和上下型两种，是最容易拆分的汉字。

3. "连"结构汉字

"连"结构汉字是指由一个单笔画字根与一个基本字根相连而构成的汉字。"尺"的两个字根"尸"与"、"相连，"自"的两个字根"丿"与"目"相连。例如，以下汉字都属于"连"结构汉字。

若单笔画与基本字根之间有明显距离，不属于"连"结构汉字。例如，"少"、"个"等字。

千	天	白	尺	干	于	自

在"连"结构中，有一种比较特殊的带点结构，例如"术、刃、寸、义、勺"等，无论点离字根的距离多远，一律视做相连。

4. "交"结构汉字

"交"结构汉字是指由几个字根互相交叉相交构成的汉字，这类汉字有一个显著的特点，字根与字根之间没有任何距离，且相互交叉套叠。例如，下面的汉字都属于"交"结构汉字。

申	本	夫	必	果	鬼
用	甩	巾	出	斥	丰
丈	中	重	毛	或	事

4.3.2　汉字的拆分原则

在五笔字型的编码中，除了键名汉字和成字字根汉字外，其余单字都是由多个字根组合而构成的合体字。在输入合体字时，必须先将其拆分为基本字根，才能进行输入。在拆分合体字时，应遵循以下原则。

1. "字根存在"原则

将一个完整的汉字拆分为字根时，必须保证拆分出来的部分都是基本字根。如果出现一个非基本字根的部分，那么这种拆分方法一定是错误的。

例如拆分"任"字，如果拆分为"亻"和"壬"两部分，由于"壬"不是基本字根，所以这样的拆分是错误的。正确的拆分方法为"亻"、"丿"和"士"3个字根。

$$正确：任—任+任+任$$
$$错误：任—任+任$$

2. "书写顺序"原则

在拆分汉字时，应按照汉字的书写顺序（即"从左到右"、"从上到下"和"从外到内"）将其拆分为基本字根。

例如，"对"字为左右型汉字，按照从左到右的书写顺序，应将其拆分为"又"和"寸"两个字根。

"宁"字为上下型汉字，按照从上到下的书写顺序，应拆分为"宀"和"丁"两个字根。

$$对—对+对 \quad 宁—宁+宁$$

"因"字为杂合型汉字，按照从外到内的书写顺序，应拆分为"囗"和"大"两个字根。

此外，对于带有"辶"和"廴"结构的半包围汉字，应按从内到外的书写顺序进行拆分。例如，"延"字应拆分为"丿"、"止"和"廴"3个字根。

$$因—因+因 \quad 延—延+延+延$$

3. "取大优先"原则

"取大优先"原则是指按照书写顺序拆分汉字时，拆分出来的字根应尽量"大"，拆分出来的字根的数量应尽量少。

例如，"草"字可以拆分为"艹、早"，也可以拆分为"艹、日、十"。根据"取大优先"的原则，第二种拆分方法中的"日"、"十"两个字根可以合并成为一个"更大"的已知字根"早"，所以第一种拆法才是正确的。

$$正确:草 \rightarrow 草+草$$
$$错误:草 \rightarrow 草+草+草$$

4. "能散不连"原则

"能散不连"原则是指在拆分汉字时,能够拆分成"散"结构的字根就不要拆分成"连"结构的字根。

例如,"主"字按"散"可以拆分成"丶、王",按"连"可以拆分成"亠、土",根据"能散不连"原则,应拆分为"丶、王"。

$$正确:主 \rightarrow 主+王$$
$$错误:主 \rightarrow 主+主$$

5. "能连不交"原则

"能连不交"原则是指在拆分汉字时,能拆分成互相连接的字根就不要拆分成互相交叉的字根。

例如,"天"字按"相连"的拆法可以拆分成"一、大",按"相交"的拆法可以拆分成"二、人",根据"能连不交"原则,应拆分为"一、大"。

$$正确:天 \rightarrow 天+天$$
$$错误:天 \rightarrow 天+天$$

6. "笔画不断"原则

"笔画不断"原则是指在拆分汉字时,一个连续的笔画不能拆分在两个字根里。例如"果"字,如果将其拆分为"田、木",那么就将"木"字的竖笔画拆断了。因此,根据"笔画不断"原则,应拆分为"日、木"。

$$正确:果 \rightarrow 果+果$$
$$错误:果 \rightarrow 果+果$$

7. "兼顾直观"原则

在拆分汉字时,要照顾拆分的直观性,且拆分出来的字根要符合一般人的直观感觉。因此,在拆分的过程中,有时必须牺牲"书写顺序"和"取大优先"的原则,形成例外。

例如,"自"字按"书写顺序"应拆为"丿、丁、三",但这样拆分不仅不直观,而且也有悖于"自"字的字源（这个字的字源是"一个手指指着鼻子"），因此根据"兼顾直观"原则应拆分为"丿、目"。

正确：自 — 自 + 自
错误：自 — 自 + 自 + 自

4.3.3　知识扩展——有多种拆分方法的汉字

在五笔字型中，有些汉字的拆分方法可能与书写顺序不同，因此造成有两种或两种以上拆分方式的假象，对于这些汉字，初学者往往不清楚如何正确拆分，例如下面这些汉字。

"凹"字，该字如果按照书写顺序进行拆分，是完全错误的，正确的拆分方法为"冂、冂、一"。

"凸"字，该字与"凹"一样，容易拆错，正确的拆分方法为"丨、一、冂、一"。

初学者在学习拆分汉字时，需要着重记忆"凹"字和"凸"字的拆分方法。

"肺"字，应该拆分成"月、一、冂、丨"，但是习惯上人们会将它拆分成"月、丶、冂、丨"，因此往往不能正确录入。

"开"字，正确的拆分应为"一、廾"，而不是拆分成"二、刂"。

开 — 开 + 开

当一个汉字出现两种或两种以上拆分方式的假象时，需要认真参照汉字的拆分原则来选择正确的拆分方法。

4.3.4　疑难解答——怎样拆分字型容易混淆的汉字

在拆分汉字时，有些汉字的字型容易混淆，因此拆分时容易出错。下面列出了一些字型容易混淆的汉字，供读者参考。

"卑"字：判断该字的字型时，容易将其判断为"杂合型"，但在五笔字型中将它看成是"上下型"汉字，正确的拆分方法如下。

　　"单"字：该字与"卑"字一样，都容易判断为"杂合型"，但在五笔字型中将它看成是"上下型"汉字，正确的拆分方法如下。

卑—卑+卑+卑　单—单+单+单

　　"着"字：该汉字既可看做是"上下型"汉字，又可看做是"杂合型"汉字，但在五笔字型中将它看成是"上下型"汉字，其正确的拆分方法如下。

　　"首"字：判断该汉字的字型时，也存在两种较为常见的看法，即"上下型"和"杂合型"，五笔字型中把它看成是"上下型"汉字，正确的拆分方法如下。

着—着+着+着　首—首+首+首

4.3.5　疑难解答——怎样拆分末笔容易混淆的汉字

　　在五笔字型编码方案中，有些汉字需要输入末笔字型识别码，因此正确地分辨汉字的末笔相当重要。下面列出了一些末笔容易混淆的汉字，供读者参考，关于末笔识别码的相关知识将在后面的章节详细介绍。

　　"彻"字：在常规的笔画顺序中，"彻"字的最后一笔应该是"丿"，但在五笔字型中它的最后一笔却是"亅"。

彻—彻+彻+彻

　　"丹"字：其笔画顺序是"丿、㇆、一、丶"，但在五笔字型中却是先打"丶"，后打"一"，即"丿、㇆、丶、一"，所以在五笔字型输入法方中"丹"字的末笔应为"一"，拆分时应拆分为"冂、⺀"。

丹—丹+丹

4.4　典型实例——易错汉字拆分示例

　　本节将结合汉字的字型、五笔字型的字根及汉字的拆分等相关知识点，对一些初学者容易拆错的汉字进行拆分。

　　"戒"字，拆分成"戈、廾"。

$$戒 \longrightarrow 戒 + 廾$$

　　"成"字，拆分成"厂、乙、乙、丶、丿"。

$$成 \longrightarrow 成 + 成 + 成 + 成 + 成$$

　　"戌"字，拆分成"厂、一、乙、丶、丿"。

$$戌 \longrightarrow 戌 + 戌 + 戌 + 戌 + 戌$$

　　"其"字，拆分成"廾、三、八"。

$$其 \longrightarrow 其 + 其 + 其$$

　　"粤"字，拆分成"丿、口、米、一、乙"。

$$粤 \longrightarrow 粤 + 粤 + 米 + 粤 + 粤$$

　　"面"字，拆分成"厂、冂、小、三"。

$$面 \longrightarrow 面 + 面 + 面 + 面$$

　　"熏"字，拆分成"丿、一、四、土、灬"。

$$熏 \longrightarrow 熏 + 熏 + 熏 + 熏 + 熏$$

　　"曳"字，拆分成"日、匕"。

$$曳 \longrightarrow 曳 + 曳$$

4.5　课后练习

选择题

1. 在汉字的 5 种笔画中，（　）变化最多的一种。
   A. 横
   B. 竖
   C. 捺
   D. 折

2. 从汉字字根间的组合位置来看，"粤"字属于（　）型汉字。
   A. 左右
   B. 上下
   C. 杂合
   D. 独体

3. 从字根间的结构关系来看，"丰"字属于（　）结构汉字。
   A. 单
   B. 散
   C. 连
   D. 交

简答题

1. 分别说出汉字的 3 个层次、5 种笔画和 3 种字型。
2. 字根在键盘上的分布有没有规律？
3. 在拆分汉字时，应该遵循什么原则？

实践操作题

1. 背诵五笔字根助记词。
2. 使用金山打字通进行字根练习，通过练习熟记字根在键盘上的分布。

第5章 使用五笔字型输入法输入汉字

本章讲些什么

❖ 输入键面汉字。
❖ 输入键外汉字。
❖ 提高五笔输入速度。
❖ 典型实例——进行文章输入练习。

月月：老师，太好了，我已经能通过五笔字型输入法打出一些汉字了，只是不知道为什么有些汉字依次键入各个字根对应的编码后却无法输入。

老师：使用五笔字型输入法时，光是会拆分汉字是远远不够的，还要学习汉字的输入方法。月月，学任何知识都要循序渐进，所以你要脚踏实地学习哦！

月月：老师，知道了，你现在就告诉我怎样输入汉字吧！

5.1 输入键面汉字

键面汉字是指在五笔字根键盘中可看到的汉字，包括键名汉字和成字字根两种，接下来就讲解它们的输入方法。

5.1.1 输入键名汉字

键名汉字的输入方法为连续按下键名汉字所在键位 4 次。例如，要输入"月"字，连续按"E"键 4 次即可。

24 个键名汉字对应的编码如下。

- ❖ 横区(1 区)：王(GGGG)、土(FFFF)、大(DDDD)、木(SSSS)、工(AAAA)。
- ❖ 竖区(2 区)：目(HHHH)、日(JJJJ)、口(KKKK)、田(LLLL)、山(MMMM)。
- ❖ 撇区(3 区)：禾(TTTT)、白(RRRR)、月(EEEE)、人(WWWW)、金(QQQQ)。
- ❖ 捺区(4 区)：言(YYYY)、立(UUUU)、水(IIII)、火(OOOO)、之(PPPP)。
- ❖ 折区(5 区)：已(NNNN)、子(BBBB)、女(VVVV)、又(CCCC)。

5.1.2 输入成字字根

成字字根汉字的输入方法是：先按下该字根所在的键位（俗称"报户口"），然后按书写顺序依次按下第 1 笔、第 2 笔和最后一笔所在的键位，即"字根所在键位+首笔代码+次笔代码+末笔代码"。

 依次按下相应的键位后，若不足 4 码，就按下空格键补全。

下面是一些成字字根的输入示例，希望读者举一反三，并多加练习，以便掌握成字字根的输入方法。

"干"字，该字是位于"F"键上的成字字根，根据编码规则先按下该字根所在键位，再按下首笔画"一"、次笔画"一"和末笔画"丨"所在键位，即键入五笔编码"FGGH"便可输入该字。

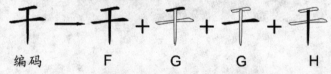

编码   F   G   G   H

"小"字，该字是位于"I"键上的成字字根，根据编码规则先按下该字根所在键位，再按下首笔画"丨"、次笔画"丿"和末笔画"、"所在键位，即键入五笔编码"IHTY"便可输入该字。

小 → 小 + 小 + 小 + 小

编码　　I　　H　　T　　Y

　　"石"字，该字是位于"D"键上的成字字根，根据编码规则先按下该字根所在键位，再按下首笔画"一"、次笔画"丿"和末笔画"一"所在键位，即键入五笔编码"DGTG"便可输入该字。

石 → 石 + 石 + 石 + 石

编码　　D　　G　　T　　G

　　"西"字，该字是位于"S"键上的成字字根，根据编码规则先按下该字根所在键位，再按下首笔画"一"、次笔画"丨"和末笔画"一"所在键位，即键入五笔编码"SGHG"便可输入该字。

西 → 西 + 西 + 西 + 西

编码　　S　　G　　H　　G

　　"车"字，该字是位于"L"键上的成字字根，根据编码规则先按下该字根所在键位，再按下首笔画"一"、次笔画"乙"和末笔画"丨"所在键位，即键入五笔编码"LGNH"便可输入该字。

车 → 车 + 车 + 车 + 车

编码　　L　　G　　N　　H

　　"刀"字，该字是位于"V"键上的成字字根，根据编码规则先按下该字根所在键位，再按下首笔画"乙"、次笔画"丿"所在键位，最后按下空格键，即键入五笔编码"VNT+空格"便可输入该字。

刀 → 刀 + 刀 + 刀 + 空格

编码　　V　　N　　T

　　"八"字，该字是位于"W"键上的成字字根，根据编码规则先按下该字根所在键位，再按下首笔画"丿"、次笔画"丶"所在键位，最后按下空格键，即键入五笔编码"WTY+空格"便可输入该字。

八 → 八 + 八 + 八 + 空格

编码　　W　　T　　Y

　　"丁"字，该字是位于"S"键上的成字字根，根据编码规则先按下该字根所在键位，再按下首笔画"一"、次笔画"丨"所在键位，最后按下空格键，即键入五笔编码"SGH+空格"便可输入该字。

$$丁 \rightarrow 丁 + 丁 + 丁 + 空格$$

编码　　　　S　　　G　　　H

"七"字，该字是位于"A"键上的成字字根，根据编码规则先按下该字根所在键位，再按下首笔画"一"、次笔画"乙"所在键位，最后按下空格键，即键入五笔编码"AGN+空格"便可输入该字。

$$七 \rightarrow 七 + 七 + 七 + 空格$$

编码　　　　A　　　G　　　N

"几"字，该字是位于"M"键上的成字字根，根据编码规则先按下该字根所在键位，再按下首笔画"丿"、次笔画"乙"所在键位，最后按下空格键，即键入五笔编码"MTN+空格"便可输入该字。

$$几 \rightarrow 几 + 几 + 几 + 空格$$

编码　　　　M　　　T　　　N

5.1.3　知识扩展——怎样输入 5 种单笔画

5 种单笔画是构成五笔字型的基础，这 5 种单笔画的输入方法是：连续按下笔画对应的键位两次，然后连续按下"L"键两次。例如，输入"丨"时，连续按下"H"键两次，再连续按下"L"键两次。

五种单笔画的编码如下。

❖　一：11　　11　　24　　24　　（GGLL）
❖　丨：21　　21　　24　　24　　（HHLL）
❖　丿：31　　31　　24　　24　　（TTLL）
❖　丶：41　　41　　24　　24　　（YYLL）
❖　乙：51　　51　　24　　24　　（NNLL）

5.2　输入键外汉字

键外汉字是指没有包含在五笔字根键盘中的汉字，这类汉字都是由多个字根组合而成的，又称为合体字，其输入方法主要分 3 种情况：刚好 4 码的汉字、超过 4 码的汉字和不足 4 码的汉字。

5.2.1　输入刚好 4 码的汉字

如果一个汉字刚好能拆分为 4 个字根，按照书写顺序，依次按下这 4 个字根所在的键位，即可输入该字。例如，要输入"规"字，分解图示如下。

第1步：取第1字根

"规"字的第1字根为"二"，按下对应的键位"F"键，键入编码"F"。

第2步：取第2字根

"规"字的第2字根为"人"，按下对应的键位"W"键，键入编码"W"。

第3步：取第3字根

"规"字的第3字根为"冂"，按下对应的键位"M"键，键入编码"M"。

第4步：取第4字根

"规"字的第4字根为"儿"，按下对应的键位"Q"键，键入编码"Q"。

综上所述，"规"字可拆分成"二、人、冂、儿"4个字根，因此依次键入编码"FWMQ"，便可输入"规"字。

为了加深理解，下面给出了刚好4码汉字的录入示例。

汉 字	第1码	第2码	第3码	第4码	全 码
聪	聪（B）	聪（U）	聪（K）	聪（N）	BUKN
玲	玲（G）	玲（W）	玲（Y）	玲（C）	GWYC
照	照（J）	照（V）	照（K）	照（O）	JVKO
资	资（U）	资（K）	资（W）	资（M）	UQWM

汉 字	第 1 码	第 2 码	第 3 码	第 4 码	全 码
智	智 （T）	智 （D）	智 （K）	智 （J）	TDKJ
婚	婚 （V）	婚 （Q）	婚 （A）	婚 （J）	VQAJ

5.2.2　输入超过 4 码的汉字

对于超过 4 码的汉字，输入方法是：按照书写顺序将汉字拆分为字根后，依次按下汉字的第 1 个字根、第 2 个字根、第 3 个字根和最后一个字根所在的键位，即"第 1 个字根+第 2 个字根+第 3 个字根+末字根"。

例如，要输入"熊"字，分解图示如下。

第1步：取第 1 字根

"熊"字的第 1 字根为"厶"，按下对应的键位"C"键，键入编码"C"。

第2步：取第 2 字根

"熊"字的第 2 字根为"月"，按下对应的键位"E"键，键入编码"E"。

第3步：取第 3 字根

"熊"字的第 3 字根为"匕"，按下对应的键位"X"键，键入编码"X"。

第4步：取末字根

"熊"字的末字根为"灬"，按下对应的键位"O"键，键入编码"O"。

综上所述，"熊"字可拆分成"厶、月、匕、匕、灬"5 个字根，按照取码原则，只需依次按下"厶、月、匕、灬"对应的键位。因此，"熊"字的编码为"CEXO"。

为了加深理解，下面给出了超过 4 码汉字的录入示例。

汉 字	第 1 码	第 2 码	第 3 码	第 4 码	全 码
嚣	嚣 (K)	嚣 (K)	嚣 (D)	嚣 (K)	KKDK
鹅	鹅 (T)	鹅 (R)	鹅 (N)	鹅 (G)	TRNG
蟹	蟹 (Q)	蟹 (E)	蟹 (V)	蟹 (J)	QEVJ
题	题 (J)	题 (G)	题 (H)	题 (M)	JGHM
塑	塑 (U)	塑 (B)	塑 (T)	塑 (F)	UBTF
疑	疑 (X)	疑 (T)	疑 (D)	疑 (H)	XTDH

5.2.3 输入不足 4 码的汉字

对于不够拆分成 4 个字根的汉字，依次按下各字根所在的键位后，可能会输入需要的汉字，但也可能出现许多候选字或者根本没有需要的汉字，这时就需要通过"末笔字型识别码"来解决问题。

1. 末笔字型识别码的含义

末笔字型识别码（简称"识别码"）是由末笔代号加字型代号构成的一个附加码，详情如下表所示。

字型代号 末笔代号	一（1）	l（2）	丿（3）	㇏（4）	乙（5）
左右型（1）	11（G）	21（H）	31（T）	41（Y）	51（N）
上下型（2）	12（F）	22（J）	32（R）	42（U）	52（B）
杂合型（3）	13（D）	23（K）	33（E）	43（I）	53（V）

例如，"如"字，只能拆分为"女、口"两个字根，此时需要加上一个末笔字型识别码。"如"字的末笔为"一"（1），字型为"左右型"（1），因此末笔字型识别码就为 11，11 所对应的键位为"G"，所以"如"字的编码为"VKG"。

97

2. 末笔字型识别码的特殊约定

在判断末笔字型识别码时，还要遵循以下 3 个特殊约定。

❖ 由"辶"、"廴"、"门"和"广"组成的半包围汉字，以及由"囗"组成的全包围汉字，其末笔为被包围部分的末笔笔画。例如，"达"字的末笔为"丶"，"回"字的末笔为"一"。

❖ 对于"成、我、戌、戋、浅"等字，遵循"从上到下"原则，取撇（丿）为末笔。

❖ 末字根为"力、刀、九、匕"等时，一律用折笔作为末笔画。例如"化"字的末字根为"匕"，其末笔画为折（乙）；"伤"字的末字根为"力"，其末笔画为折（乙）。

3. 键入汉字

例如，要输入"指"字，分解图示如下。

第1步：取第1字根

"指"字的第1字根为"扌"，按下对应的键位"R"键，键入编码"R"。

第2步：取第2字根

"指"字的第2字根为"匕"，按下对应的键位"X"键，键入编码"X"。

第3步：取第3字根

"指"字的第3字根为"日"，按下对应的键位"J"键，键入编码"J"。

第4步：加末笔字型识别码

"指"字的末笔为"一"，且该字为"左右型"汉字，因此末笔字型识别码为11，按下对应的键位"G"键，键入编码"G"。

综上所述，"指"字可拆分成"扌、匕、日"3个字根，末笔字型识别码为"11（G）"，因此，依次键入编码"RXJG"，即可输入"指"字。

为了加深理解，下面给出了不足4码汉字的录入示例。

汉 字	第1码	第2码	第3码	第4码	全 码
妙	妙（V）	妙（I）	妙（T）	识别码 31（T）	VITT
贡	贡（A）	贡（M）	识别码 42（U）		AMU+空格
柴	柴（H）	柴（X）	柴（S）	识别码 42（U）	HXSU
细	细（X）	细（L）	识别码 11（G）		XLG+空格
莽	莽（A）	莽（D）	莽（A）	识别码 22（J）	ADAJ
罚	罚（L）	罚（Y）	罚（J）	识别码 22（J）	LYJJ

5.2.4 知识扩展——输入汉字偏旁部首

使用五笔字型输入法时，可输入部分偏旁部首。偏旁部首的输入分单字根偏旁部首输入和双字根偏旁部首输入两种。

单字根偏旁部首是指偏旁部首本身就是一个字根，它与成字字根的输入方法相似，先按下字根所在的键位，然后按书写顺序依次按下第1笔、第2笔和末笔所在的键位即可。

例如，偏旁部首"艹"，按下"艹"所在的键位"A"，再依次按下该字根的第1笔"一"所在的键位"G"，第2笔"丨"所在的键位"H"和末笔"丨"所在的键位"H"，即键入五笔编码"AGHH"便可输入"艹"。

艹 — 艹 + 艹 + 艹 + 艹

编码   A   G   H   H

再如，偏旁部首"扌"，按下"扌"所在的键位"R"，再依次按下该字根的第1笔"一"所在的键位"G"，第2笔"丨"所在的键位"H"和末笔"一"所在的键位"G"，即键入

五笔编码 "RGHG" 便可输入 "扌"。

扌 → 才 + 扌 + 扌 + 扌

编码　　　R　　G　　H　　G

对于不是字根的偏旁部首，一般是由两个字根组成的，也就是前面提过的双字根偏旁部首。在输入双字根偏旁部首时需要拆分，同时还需要附加末笔字型识别码。

 偏旁部首的字型都为 "杂合型"，当输完字根后，补打由 3 个末笔笔画复合构成的 "字根" 就等同加了末笔字型识别码。

例如，偏旁部首 "礻"，可拆分为 "礻" 和 "丶" 两个字根，其末笔笔画为 "丶"，由 3 个笔画 "丶" 复合构成的 "字根" 就为 "氵"，而 "氵" 所在键位是 "I"，因此，"礻" 的五笔编码就应为 "PYI"。

礻 → 礻 + 礻 + 氵

编码　　　P　　Y　　I

再如，偏旁部首 "犭"，可拆分为 "犭" 和 "丿" 两个字根，其末笔笔画为 "丿"，由 3 个笔画 "丿" 复合构成的 "字根" 就为 "彡"，而 "彡" 所在键位是 "E"，因此，"犭" 的五笔编码就应为 "QTE"。

犭 → 犭 + 犭 + 彡

编码　　　Q　　T　　E

5.2.5 疑难解答——怎样快速判断末笔字型识别码

在输入不足 4 码的汉字时，只需理解以下 3 点，便可快速判断出该汉字的末笔字型识别码。

❖ 对于 "左右型" 汉字，当输完字根后，补打 1 个末笔笔画就等同加了末笔字型识别码。例如，"财" 字的末笔笔画是 "丿"，而 "丿" 所在的键位是 "T"，因此，"财" 的编码就为 "MFTT"。

财 → 财 + 财 + 财 + 丿

编码　　　M　　F　　T　　T

100

❖ 对于"上下型"汉字，当输完字根后，补打由两个末笔笔画复合构成的"字根"就等同加了末笔字型识别码。例如，"贫"字的末笔笔画是"㇏"，由两个笔画"㇏"复合构成的"字根"就为"丿"，而"丿"所在键位是"U"，因此，"贫"的编码就应为"WVMU"。

贫 → 贫 + 贫 + 贫 + ⟨丿⟩
编码　　W　　　V　　　M　　　U

❖ 对于"杂合型"汉字，当输完字根后，补打由 3 个末笔笔画复合构成的"字根"就等同加了末笔字型识别码。例如，"固"字的末笔笔画是"一"，由 3 个笔画"一"复合构成的"字根"就为"三"，而"三"所在键位是"D"，因此，"固"的编码就应为"LDD+空格"。

固 → 固 + 古 + ⟨三⟩ + 空格
编码　　L　　　D　　　D

5.2.6　疑难解答——怎样输入"凹"、"凸"等疑难字

在输入汉字的过程中，经常会遇到"凹"、"凸"等之类的疑难杂字，像这类汉字容易拆错，因而不能正确输入，下面对这类汉字进行解析。

"凹"字，该字如果按照书写顺序拆分，是完全错误的，正确的拆分方法为"㇆、㇆、一"，因此编码为"MMGD"（"D"为末笔字型识别码）。

凹 — 凹 + 凹 + 凹 + ⟨三⟩ (编码：MMGD)

"凸"字，该字与"凹"一样，容易拆错，正确的拆分方法为"丨、一、㇆、一"，因此编码为"HGMG"。

凸 — 凸 + 凸 + 凸 + 凸 (编码：HGMG)

"官"字，该字的拆分难度也是比较大的，正确的拆分方法为"宀、㇇、丨、㇇"，因此编码为"PNHN"。

官 — 官 + 官 + 官 + 官 (编码：PNHN)

"尴"字：在拆分该字时，容易将第 1 个字根拆分为"九"，这样的拆分是错误的，正确的拆分方法为"尢"、"乚"、"刂"、"𠂊"、"丶"和"皿"，按照取码规则，编码为"DNJL"。

尴 — 尴 + 尴 + 尴 + 尴 (编码：DNJL)

"害"字：应拆分为"宀"、"三"、"丨"和"口"，而不是拆分成"宀"、"圭"和"口"，因此编码为"PDHK"。

害—害+害+害+害（编码：PDHK）

"年"字：应拆分为"⺘"、"丨"和"十"，而不是拆分成"⺁"、"匚"和"丨"，因此编码为"RHFK"（"K"为末笔字型识别码）。

年—年+年+年+川）（编码：RHFK）

5.3 提高五笔输入速度

为了减少击键次数，提高汉字的输入速度，五笔字型输入法为一些使用频率较高的汉字制定了简码规则，并提供了输入词组的功能，接下来分别讲解简码与词组的输入方法。

5.3.1 输入简码

为了减少击键次数，提高输入速度，对于一些使用频率较高的汉字，可以只取前边的1~3个字根，再按空格键输入，因此就形成了一级简码、二级简码和三级简码。

1. 输入一级简码

根据每一个键位上的字根形态特征，在 25 个键位上分别安排了一个使用频率较高的汉字，这些汉字就叫一级简码（也叫"高频字"）。

一级简码的输入方法是：按下该字所在的键位，再按下空格键即可。例如，要输入"我"字，按下"Q+空格键"；要输入"地"字，按下"F+空格键"。

一级简码的分布规律基本是按第 1 笔画来进行分类的，并尽可能使它们的第 2 笔画与位号一致，但并不是每一个都符合。为了帮助记忆，下面提供了 5 句口诀。

1 区：一 地 在 要 工　　2 区：上 是 中 国 同
3 区：和 的 有 人 我　　4 区：主 产 不 为 这
5 区：民 了 发 以 经

2. 输入二级简码

五笔字型输入法中，将一些常用汉字编码简化为用两个字根来编码，便形成了二级简码。二级简码的输入方法是：按照取码的先后顺序，取汉字全码中的前两个字根的代码，再按下空格键即可。

例如，"度"字的全码应为"YACI"，在键入编码"YA"后，"度"字就会出现在候选框的第1位，此时按下空格键可立即输入。

相对于一级简码来说，二级简码就要多得多，大概有600多个。下表列出了两个代码组合后的编码对应的二级简码，若为"※"，表示该编码没有对应的二级简码。

	G F D S A	H J K L M	T R E W Q	Y U I O P	N B V C X
G	五于天末开	下理事画现	玫后表珍列	玉平不来※	与屯妻到互
F	二寺城霜载	直进吉协南	才垢圾夫无	坟增示赤过	志地雪支坳
D	三夯大厅左	丰百右历面	帮夺胡春克	太磁砂灰达	成顾肆友龙
S	本村枯林械	相查可楞机	格析极检构	术样档杰棕	杨李要权楷
A	七革基苛式	牙革或功贡	攻匠菜共区	芳燕东蒌芝	世节切芭药
H	睛睦睚盯虎	步旧占卤贞	睡睥肯具餐	眩瞳步眯瞎	卢※眼皮此
J	量时晨果虹	早昌蝇曙遇	昨蝗明蛤晚	景暗晃显晕	电最归坚昆
K	呈叶顺呆呀	中虽吕另员	呼听吸只史	嘛啼吵咪喧	叫啊哪吧哟
L	车地因困轼	四辊加男轴	力斩胃办罗	罚较※辚边	思轵轨轻累
M	同财央朵曲	由则迥崭册	几贩骨内风	凡赠峭嵘迪	岂邮※凤嶷
T	生行知条长	处得各务向	笔物秀答称	入科秒秋管	秘季委么第
R	后持拓打找	年提扣押抽	手折扔失换	扩拉朱搂近	所报扫反批
E	且肝须采肛	胪胆肿胁肌	用遥朋脸胸	及胶膛脉爱	甩服妥肥脂
W	全会估休代	个介保佃仙	作伯仍从你	信们偿伙亿	亿他分公化
Q	钱针然钉氏	外旬名甸负	儿铁角欠多	久匀乐炙锭	包凶争色锴
Y	主计庆订度	让刘训为高	放诉衣认义	方说就变这	记离良充率
U	闰半关亲并	站间部曾商	产瓣前闪交	六立冰普帝	决闻妆冯北
I	汪法尖洒江	小浊澡渐没	少泊肖兴光	注洋水淡学	沁池当汉涨
O	业灶类灯煤	粘烛炽烟灿	烽煌粗粉炮	米料炒炎迷	断籽娄烃※
P	定守害宁宽	寂审宫军宙	客宾家空宛	社实宵灾之	官字安※它
N	怀导居怵民	收慢避惭届	必怕※愉懈	心习悄屡忌	忆敢恨怪尼
B	卫际承阿陈	耻阳职阵出	降孤阴队隐	防联孙耿辽	也子限取陛
V	姨寻姑杂毁	叟旭如舅妯	九妹奶臾婚	妨嫌录灵巡	刀好妇妈姆
C	骊对参骠戏	※骒台劝观	矣牟能难允	驻粗※※驼	马以艰双※
X	线结顷绌红	引旨强细纲	张绵级给约	纺弱纱继综	纪弛绿经比

 在查阅二级简码汉字时，汉字所在行的字母为第1码，汉字所在列的字母为第2码，这两码加起来就是该汉字的二级简码。例如，"难"字的第1码为"C"，第2码为"W"，因此，"难"字的二级简码为"CW"。

3. 输入三级简码

三级简码是用单字全码中的前 3 码来作为该字的编码。输入三级简码时，只需依次键入汉字的前 3 个字根对应的编码，再键入空格键即可。

例如，"材"字的全码为"SFTT"，依次键入简码"SFT"，再按下空格键，即可输入该字。

全码：材 材 材 材 | 撇 丿 左右 T
S F T T

简码：材 材 材 材 [空格]
S F T

5.3.2 输入词组

词组是指由两个及两个以上的汉字构成的比较固定和常用的汉字串，主要包括二字词组、三字词组、四字词组和多字词组。一个词组无论包含多少个汉字，但最多只能取 4 码，因而极大地提高了汉字的输入速度。

1. 输入二字词组

二字词组的取码规则为：第 1 个字的第 1 个字根+第 1 个字的第 2 个字根+第 2 个字的第 1 个字根+第 2 个字的第 2 个字根，从而组合成 4 码。

例如，要输入词组"知识"，分解图示如下。

第1步：取"知"字的第 1 字根

"知"字的第 1 字根为"丿"，按下对应的键位"T"键，键入编码"T"。

第2步：取"知"字的第 2 字根

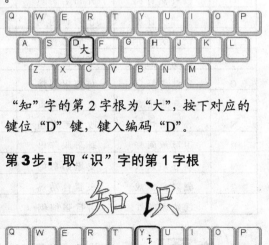

"知"字的第 2 字根为"大"，按下对应的键位"D"键，键入编码"D"。

第3步：取"识"字的第 1 字根

"识"字的第 1 字根为"讠"，按下对应的

104

键位"Y"键，键入编码"Y"。

第4步：取"识"字的第2字根

"识"字的第2字根为"口"，按下对应的键位"K"键，键入编码"K"。

综上所述，依次键入编码"TDYK"，即可输入词组"知识"。

2. 输入三字词组

三字词组指包含3个汉字的词组，例如"教师节"、"计算机"等。三字词组的取码规则为：第1个字的第1个字根+第2个字的第1个字根+第3个字的第1个字根+第3个字的第2个字根，从而组合成4码。

例如，要输入词组"计算机"，分解图示如下。

第1步：取"计"字的第1字根

"计"字的第1字根为"讠"，按下对应的键位"Y"键，键入编码"Y"。

第2步：取"算"字的第1字根

"算"字的第1字根为"⺮"，按下对应的键位"T"键，键入编码"T"。

第3步：取"机"字的第1字根

"机"字的第1字根为"木"，按下对应的键位"S"键，键入编码"S"。

第4步：取"机"字的第2字根

"机"字的第2字根为"几"，按下对应的键位"M"键，键入编码"M"。

综上所述，依次键入编码"YTSM"，即可输入词组"计算机"。

3. 输入四字词组

四字词组较多，且多为成语，如"立竿见影"、"艰苦奋斗"等。四字词组的取码规则为：第1个字的第1个字根+第2个字的第1个字根+第3个字的第1个字根+第4个字的第1个字根，从而组合成4码。

例如，要输入词组"功成名就"，分解图示如下。

第1步：取"功"字的第1字根

"功"字的第1字根为"工"，按下对应的键位"A"键，键入编码"A"。

第2步：取"成"字的第1字根

"成"字的第1字根为"厂"，按下对应的键位"D"键，键入编码"D"。

第3步：取"名"字的第1字根

"名"字的第1字根为"夕"，按下对应的键位"Q"键，键入编码"Q"。

第4步：取"就"字的第1字根

"就"字的第1字根为"亠"，按下对应的键位"Y"键，键入编码"Y"。

综上所述，依次键入编码"ADQY"，即可输入词组"功成名就"。

4. 输入多字词组

如果构成词组的汉字个数超过了 4 个，那么此类词组就属于多字词组，例如 "全国人民代表大会"、"中华人民共和国" 等。多字词组的取码规则为：第 1 个字的第 1 个字根+第 2 个字的第 1 个字根+第 3 个字的第 1 个字根+最后一个字的第 1 个字根。

例如，要输入词组 "功到自然成"，分解图示如下。

第 1 步：取 "功" 字的第 1 字根

"功" 字的第 1 字根为 "工"，按下对应的键位 "A" 键，键入编码 "A"。

第 2 步：取 "到" 字的第 1 字根

"到" 字本身就是一个字根，因此按下对应的键位 "一" 键，键入编码 "G"。

第 3 步：取 "自" 字的第 1 字根

"自" 字的第 1 字根为 "丿"，按下对应的键位 "T" 键，键入编码 "T"。

第 4 步：取 "成" 字的第 1 字根

"成" 字的第 1 字根为 "厂"，按下对应的键位 "D" 键，键入编码 "D"。

综上所述，依次键入编码 "AGTD"，即可输入词组 "功到自然成"。

5.3.3　知识扩展——重码的选择

使用五笔字型输入法输入汉字时，会发现有些汉字是相同编码的情况，这种情况称为 "重码"。例如，键入 "去" 的编码 "FCU" 时，候选框中会同时出现 "支"、"云" 等字。

与拼音输入法相比，五笔字型输入法中的重码要少得多，且重码在候选框中的位置是按使用频度排列的，因此出现重码不会太影响汉字的输入速度。

　　输入重码字时，相同编码的字会同时出现在候选框中，如果需要输入的字在第 1 个位置上，只管继续输入下文，该字会自动跳到光标处；如果需要输入的字在第 2 个位置上，按下数字键"2"，便可输入该字。以此类推，按下某个数字键，便可输入对应的字。

5.3.4　知识扩展——万能键的使用

　　对于初学五笔字型输入法的用户来说，虽然用心记忆字根，但难免会记得不牢，或者字根与键位对不上号。此时，便可运用万能学习键"Z"来解决问题。

　　在输入汉字时，如果不记得字根对应的键位，或者对某个字根拆分模糊，便可使用"Z"键来代替。此时，输入法会检索出那些符合已键入编码的字或词，并将汉字及正确编码显示在候选框里。

　　例如，"器"字可拆分成"口、口、丿、贝、口、口"6 个字根，根据取码规则，只需依次键入"口、口、丿、口"4 个字根对应的键位。在键入的过程中，如果忘记了"丿"对应的键位，便可通过"Z"键来代替，即键入"KKZK"，候选框中将显示符合该编码的汉字，此时可选择需要输入的字。

　　此外，在输入汉字时，如果无法判断其末笔字型识别码，也可通过万能学习键"Z"来替代。例如，"仔"字的全码为"WBG"，其中"G"为末笔字型识别码。输入该字时，如果不能判断出末笔字型识别码，可用"Z"键代替，即键入"WBZ"，候选框中会显示符合该编码的汉字，此时可选择需要输入的字。

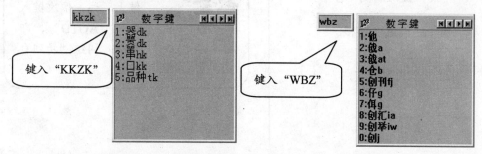

5.3.5　疑难解答——词库中没有需要输入的词组，怎么办

　　当五笔字型输入法词库中没有需要输入的词组（例如"一寸光阴一寸金"）时，可通过"手工造词"功能来自定义词组。下面以王码五笔型输入法 86 版为例，讲解如何将词组"一

寸光阴一寸金"添加到词库中。

第1步：选择"手工造词"命令

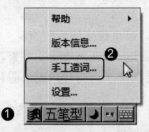

❶ 使用鼠标右键单击五笔字型输入法状态条（除软键盘开/关切换按钮外的区域）。

❷ 在弹出的快捷菜单中选择"手工造词"命令。

第2步：自定义词组

❶ 弹出"手工造词"对话框，在"词语"文本框中输入需要自定义的词组，本

例中输入"一寸光阴一寸金"，"外码"文本框中将自动显示该词组的五笔编码。

❷ 单击"添加"按钮。

第3步：单击"关闭"按钮

此时，"词语列表"列表框中将显示所造的词组，单击"关闭"按钮结束造词。

通过上述设置后，依次键入五笔编码"GFIQ"，便可输入自定义的多字词组"一寸光阴一寸金"。

5.4 典型实例——进行文章输入练习

本章将结合输入键面汉字、输入键外汉字、输入简码及输入词组等相关知识点，练习输入下面的片段。

盼望着，盼望着，东风来了，春天的脚步近了。

一切都像刚睡醒的样子，欣欣然张开了眼。山朗润起来了，水长起来了，太阳的脸红起来了。

小草偷偷地从土里钻出来，嫩嫩的，绿绿的。园子里，田野里，瞧去，一大片一大片满是的。坐着，躺着，打两个滚，踢几脚球，赛几趟跑，捉几回迷藏。风轻悄悄的，草绵软软的。

桃树、杏树、梨树，你不让我，我不让你，都开满了花赶趟儿。红的像火，粉的像霞，白的像雪。花里带着甜味，闭了眼，树上仿佛已经满是桃儿、杏儿、梨儿！花下成千成百的蜜蜂嗡嗡地闹着，大小的蝴蝶飞来飞去。野花遍地是：杂样儿，有名字的，没名字的，散在草丛里，像眼睛，像星星，还眨呀眨的。

"吹面不寒杨柳风"，不错的，像母亲的手抚摸着你。风里带来些新翻的泥土的气息，混着青草味，还有各种花的香，都在微微润湿的空气里酝酿。鸟儿将窠巢安在繁花嫩叶当中，高兴起来了，呼朋引伴地卖弄清脆的喉咙，唱出婉转的曲子，与轻风流水应和着。牛背上牧童的短笛，这时候也成天在嘹亮地响。

5.5 课后练习

选择题

1. 汉字"堪"的完整编码为（ ）。
   A. FADW   B. FADN
   C. FAFW   D. FAFA

2. 输入下面的汉字时，（ ）需要添加末笔字型识别码。
   A. 输   B. 期
   C. 邑   D. 搜

3. 在下面的选项中，（ ）不属于一级简码。
   A. 地   B. 上
   C. 经   D. 下

简答题

1. 怎样输入键名汉字、成字字根和单笔画？
2. 怎样输入超过 4 码的汉字？
3. 什么情况下需要使用末笔字型识别码？如何判断？

实践操作题

1. 使用金山打字通练习输入汉字，进一步巩固汉字的输入方法。
2. 在"记事本"中输入下面的词组，进一步巩固词组的输入方法。

春天	道理	法律	傍晚
静悄悄	研究院	日历表	体育场
千锤百炼	五彩缤纷	深思熟虑	高瞻远瞩
快刀斩乱麻	桃李满天下	日久见人心	桃李满天下
风马牛不相及	天无绝人之路	神圣不可侵犯	事实胜于雄辩

3. 在"记事本"中练习使用王码五笔字型输入法 86 版写一篇日记。

第6章 98版五笔字型输入法

本章讲些什么

❖ 认识98版五笔字型输入法。
❖ 98版五笔码元的键位分布。
❖ 输入汉字。
❖ 典型实例——进行文章输入练习。

月月：真郁闷，每次输入含有"毌"的汉字时，都会忘记对它进行拆分，还习惯性地将它作为一个字根。老师，你有没有什么高招吗？

老师：月月，别着急，98版五笔字型输入法就能帮你解决这个问题，它可是将"毌"作为一个单独的字根呢！

月月：真的吗，听起来太让人心动了，老师，你快速告诉我怎么使用98版五笔字型输入法吧！

6.1 认识 98 版五笔字型输入法

98 版五笔字型输入法是在 86 版的基础之上发展起来的，对 86 版中存在的一些问题进行了改善。本节将以 86 版五笔字型为基础，对 98 版五笔字型输入法的相关基础知识进行讲解。

6.1.1 什么是码元

98 版五笔字型输入法把笔画结构特征相似、笔画形态及笔画数量大致相同的笔画结构作为编码的单元，即汉字编码的基本单位，简称"码元"。相对于 86 版五笔字型输入法来说，98 版的"码元"实质上等同于"字根"的概念。

6.1.2 98 版五笔字型对码元的调整

对于 86 版五笔字型输入法的用户来说，掌握 98 版五笔字型在 86 版的基础上对码元（字根）的调整，更容易学会 98 版五笔字型输入法。

1. 增加的码元

在 98 版五笔字型输入法中，增加了一些使用频率高的码元，这些码元大多是按 86 版拆分较为困难的笔画结构（见下表）。

键　　位	增加的码元	键　　位	增加的码元
F	甘、未、丁	U	芏、羊
G	夫、耒、耂、耒	I	肖
D	戊、其	O	严、业
P	礻、衤	S	甫
N	目	A	艹
H	少、虍	B	皮
E	毛、豸	R	丘
V	艮、艮	C	牜、马
X	毌、互、母	Q	犭、鸟

2. 删除的码元

98 版中删除了 86 版五笔字型字根表中不规范的字根，例如"D"键中的"广"，"X"键中的"口"等，详情如下表所示。

键　位	删除的码元	键　位	删除的码元
G	戋	Q	犭
D	疒、手	I	业、业
A	弋	H	广、广
C	马	X	口
E	豖、ヲ	R	乍、乍
P	礻		

3. 位置调整

与 86 版相比较，98 版五笔字型输入法还对键盘上的一些码元的位置进行了调整，详情如下表所示。

码　元	86 版键位	98 版键位	码　元	86 版键位	98 版键位
儿	Q	K	几	M	W
乂	Q	R	舟	E	U
力	L	E	广	Y	O
白	V	E	乃	E	B

6.1.3　知识扩展——98 版五笔字型输入法与 86 版的区别

98 版五笔字型输入法是从 86 版的基础上发展而来的，在拆分原则、编码规则上具有一定的共性，但也有一定的区别，其详情如下表所示。

区别描述 ＼ 输入法版本	五笔字型输入法 86 版	五笔字型输入法 98 版
构成汉字基本单位的称谓不同	字根	码元
处理汉字的数量不同	五笔字型 86 版只能处理 GB2312—80 字库中的 6,763 个国标简体字	可以处理 GBK 字库的汉字及港、澳、台地区（BIG5）的 13,053 个繁体字，以及中、日、韩 3 国大字符集中的 21,003 个汉字
五笔字型 98 版选取码元更规范	五笔字型 86 版无法对某些规范字根做到整字取码，造成了一些汉字编码的不规范，如 86 版五笔字型中需要拆分"甘、毛、丘、夫、羊、母"，既不好拆也容易出错	98 版五笔字型将规范字根作为一个码元，可直接整字取码，它将"甘、毛、丘、夫、羊、母"等汉字作为一个单独的码元
五笔字型 98 版编码规则更简单明了	五笔字型 86 版在拆分编码上，常常会与汉字书写顺序产生矛盾	五笔字型 98 版中的"无拆分编码法"将总体上形似的笔画结构归为同一码元，一律用码元来描述汉字笔画结构，使编码规则更加简单明了，使五笔字型输入法更加合理易学

113

6.2 98版五笔字型码元的键位分布

了解了98版五笔字型输入法的相关基础知识后，接下来就要学习98版五笔字型码元的键位分布，以便为后面学习输入汉字打下基础。

6.2.1 码元的区和位

与86版五笔字型输入法一样，98版五笔字型输入法将键盘上除"Z"键外的25个字母键分为横、竖、撇、捺和折5个区，分别用代号1、2、3、4和5表示区号，每个区包括5个键，每个键称为一个位，分别用代号1、2、3、4和5表示位号。

如果我们将每个键所在的区号作为第1个数字，位号作为第2个数字，两个数字合起来就表示一个键位，即"区位号"。

6.2.2 码元的键盘分布

98版五笔字型输入法中共有150个基本码元，这些码元按一定的规律分布在键盘上，从而形成了98版五笔字型码元键盘。

在码元键盘中，第1区放置"横"起笔类的码元，第2区放置"竖"起笔类的码元，第3区放置"撇"起笔类的码元，第4区放置"捺"（"点"）起笔类的码元，第5区放置"折"起笔类的码元。

6.2.3 知识扩展——码元助记词

为了使码元的记忆更加容易，在98版五笔字型输入法中，同样为每一区的码元编写了一首"助记词"。读者可以根据下表中给出的助记词含义解释来熟悉王码五笔字型输入法98版的码元分布，以便能正确地将汉字拆分成码元（见下表）。

键　位		助记词	注　释
第 1 区	11 G	王旁青头五夫一	“王旁”指码元“王”，“青头”指码元“龶”
	12 F	土干十寸未甘雨	
	13 D	大犬戊其古石厂	
	14 S	木丁西甫一四里	“一四里”指区位号
	15 A	工戈草头右框七	“右框”指码元“匚”
第 2 区	21 H	目上卜止虎头具	“具”指码元“且”
	22 J	日早两竖与虫依	“两竖”指码元“刂”
	23 K	口中两川三个竖	“两川”指码元“儿”与“川”，“三个竖”指码元“Ⅲ”
	24 L	田甲方框四车里	“方框”指码元“口”
	25 M	山由贝骨下框集	“骨”指码元“冎”，“下框”指码元“冂”
第 3 区	31 T	禾竹反文双人立	“反文”指码元“攵”，“双人立”指码元“彳”
	32 R	白斤气丘叉手提	“叉”指码元“乂”，“提”指码元“扌”
	33 E	月用力豸毛衣臼	“衣”指码元“𧘇”
	34 W	人八登头单人几	“登头”指码元“癶”及相似码元“𤼽”，“单人”指码元“亻”
	35 Q	金夕鸟儿犭边鱼	“鱼”指码元“⺈”
第 4 区	41 Y	言文方点谁人去	“点”指码元“、”，“谁人去”指码元“讠、主”
	42 U	立辛六羊病门里	“病”指码元“疒”
	43 I	水族三点鳖头小	“鳖头”指码元“㡀”
	44 O	火业广鹿四点米	“鹿”指码元“𠩺”，“业”指码元“业、业、⺗”
	45 P	之字宝盖补礻衤	“之字”指码元“辶、廴”，“宝盖”指码元“冖、宀”，补指码元“礻”和码元“衤”为补码码元。
第 5 区	51 N	已类左框心尸羽	“已类”指码元“㔾、己、巳”
	52 B	子耳了也乃框皮	“框”指码元“凵”
	53 V	女刀九艮山西倒	“山西倒”指码元“彐、⺕、⺔”
	54 C	又巴牛厶马失蹄	马失蹄指码元“马”
	55 X	幺母贯头弓和匕	“贯头”指码元“毌”

记忆 98 版五笔字型输入法码元时，可以通过码元助记词来记忆，也可以在 86 版的基础上记忆 98 版中新增的码元和分布不同的码元。

6.2.4 疑难解答——怎样才能快速记忆 98 版五笔字型码元

掌握了 86 版五笔字根分布的用户，在 86 版的基础上着重记忆 98 版码元的调整部分，便可快速记忆 98 版五笔字型码元。如果没有 86 版五笔的基础，则需要背诵 98 版码元助记词,并通过大量的汉字拆分和输入练习,才能牢记 98 版五笔字型码元在键盘上的分布位置。

6.3 输入汉字

王码五笔字型输入法 98 版拆字及编码流程基本上与 86 版五笔字型输入法相同,结合 86 版的拆分方法,对照码元表拆分汉字,然后按照下面介绍的方法实现汉字的输入。

6.3.1 输入键面汉字

在 98 版五笔字型输入法中,键面汉字主要包括键名汉字和成字码元,接下来分别讲解它们的输入方法。

1. 输入键名汉字

在 98 版五笔字型码元键盘中可看到,每个键上的第 1 个码元都是一个简单的汉字,即每句助记词中的第 1 个汉字,它们叫做键名汉字。98 版五笔字型输入法中共有 25 个键名汉字,其中"X"键的键名汉字为"幺",其余的与 86 版的键名汉字相同。

键名汉字的输入方法是:连续按下键名汉字所在键位 4 次。例如,输入"田"字,键入"LLLL"即可;输入"口"字,键入"KKKK"。

2. 输入成字码元

成字码元类似于 86 版五笔字型输入法中的成字字根,即在各键位的键面上除了键名汉字以外,本身就是汉字的码元称为成字码元。

成字码元的输入方法为:先按下成字码元所在的键位(称为"报户口"),然后按书写顺序依次按下第 1 笔、第 2 笔和最后一笔所在的键位。依次按下相应的键位后,若不足 4 码,按下空格键补全。

例如,要输入成字码元"甫",分解图示如下。

第1步:报户口

按下"甫"所在的键位"S",键入编码"S"。

第2步：打第1笔

"甫"字的首笔笔画为"一"，按下对应的键位"G"键，键入编码"G"。

第3步：打第2笔

"甫"字的第2笔笔画为"丨"，按下对应的键位"H"键，键入编码"H"。

第4步：打最后一笔

"甫"字的末笔笔画为"丶"，按下对应的键位"Y"键，键入编码"Y"。

 综上所述，依次键入编码"SGHY"，便可输入成字码元"甫"字。

6.3.2 输入键外汉字

与86版一样，98版中的键入汉字也分为刚好4码、超过4码和不足4码3种，其输入方法与86版五笔字型输入法基本相同。

❖ 刚好4码码元汉字：按照书写顺序，依次按下4个码元所在的键位。

❖ 超过4码码元汉字：按照书写顺序，依次按下汉字的第1个码元、第2个码元、第3个码元和最后一个码元所在的键位。

❖ 不足4码码元汉字：依次按下各码元所在的键位，再加上该字的末笔字型识别码（其判定方法与86版相同），如果仍不足4码，按空格键补全。

例如，要输入"嗨"字，分解图示如下。

第1步：取第1码元

"嗨"字的第1码元为"口"，按下对应的键位"K"键，键入编码"K"。

 在98版五笔字型输入法中，也是根据"书写顺序"、"取大优先"和"能散不连"等原则来拆分汉字的。

117

第2步：取第2码元

"嗨"字的第2码元为"氵"，按下对应的键位"I"键，键入编码"I"。

第3步：取第3码元

"嗨"字的第3码元为"亠"，按下对应的键位"T"键，键入编码"T"。

第4步：取第4码元

"嗨"字的第4码元为"母"，按下对应的键位"X"键，键入编码"X"。

综上所述，依次键入编码"KITX"，便可输入汉字"嗨"。

6.3.3 输入简码

在98版五笔字型输入法中，简码的输入方法与86版的基本相同，但98版五笔字型输入法的二级简码与86版有所不同，请读者区分记忆。

1. 一级简码

98版五笔字型输入法与86版的一级简码完全相同，其输入方法为：按下汉字对应的键位，再按下空格键即可。例如，要输入"国"字，按下"L+空格键"即可。

2. 二级简码

二级简码的输入方法为：按照取码的先后顺序，按下汉字全码的前两码对应的键位，再按下空格键。98版五笔字型输入法的二级简码如下表所示。

	G F D S A	H J K L M	T R E W Q	Y U I O P	N B V C X
G 11	五于天末开	下理事画现	麦珀表珍万	玉来求亚琛	与击妻到互
F 12	坰寺城某域	直刊吉雷南	才垢协零无	坊增示赤过	志坡雪支坶
D 13	三夯大厅左	还百右面而	故原历其克	太辜砂矿达	成破肆友龙
S 14	本票顶林膜	相查可柬贾	枚析杉机构	术样档杰枕	札李根权楷
A 15	七革苦莆式	牙划或苗贡	攻区菜共匹	芳蒋东蘑芝	芯节切芭药
H 21	睛睦非盯瞒	止旧占卤贞	睡睥肯具餐	虔瞳叔虚瞎	虑※眼眸此
J 22	量时晨果晓	早昌蝇曙遇	鉴蚯明蛤晚	影暗晁显蛇	电最归坚昆
K 23	号叶顺呆呀	足虽吕畏员	呼听国只兄	喑咬呛嘛喧	叫啊啸吧哟
L 24	车团因困轼	四辊回田轴	略斩男界罗	罚较※辘连	思团轨轻累
M 25	赋财央崧曲	由则迥崭册	败风骨内见	丹赠崂赃迪	岂邮※峻幽
T 31	年等知条长	处得各备身	秩稀务答稳	入冬秒秋乏	乐秀委么每
R 32	后质拓打找	看提扣押抽	手折拥兵换	搞拉泉扩近	所报扫反指
E 33	且肚须采肛	毡胆加舆觅	用貌朋办胸	肪胶膛伙亿	亿他分公化
W 34	全什估休代	个介保佃仙	八风佣从你	信们偿伙亿	亿他分公化
Q 35	钱针然钌氏	外旬名甸负	儿勿角欠多	久匀尔炙锭	包迎争色锴
Y 41	证计诚订试	让刘训宙市	放义衣认询	方详就亦亮	记享良充率
U 42	半斗头亲并	着间问闸端	道交前闪次	六立冰普	闷疗妆育北
I 43	光汗尖浦江	小浊溃泗油	少汽肖没沟	济洋水渡党	沁波当汉涨
O 44	精庄类床席	业烛燥库灿	庭粝粗府底	广粒应炎迷	断籽数序鹿
P 45	家守害宁赛	寂审宫军宙	客宾农空宛	社实宵灾之	官字安※它
N 51	那导居懒异	收慢避惭届	改怕尾恰懈	心习尿屡忱	已敢恨怪尼
B 52	卫际承阿陈	耻阳职阵出	降孤阴队陶	及联孙耿辽	也子限取陛
V 53	建寻姑杂既	肃旭如烟妯	九婢姐妗婚	妨嫌录灵退	恳好妇妈姆
C 54	马对参辆戏	骒※台※观	矣※能难物	叉※※※※	予邓艰双牝
X 55	线结顷缚红	引旨强细贯	乡绵组给约	纺弱纱继综	纪级绍弘比

在查阅二级简码汉字时，汉字所在行的字母为第 1 码，汉字所在列的字母为第 2 码，这两码加起来就是该汉字的二级简码。例如，"信"字的第 1 码为"W"，第 2 码为"Y"，因此，"信"字的二级简码为"WY"。

6.3.4 输入词组

在 98 版五笔字型输入法中，词组的取码规则与 86 版完全相同，具体取码规则如下。

❖ 二字词组：分别取两个字的前两码，共 4 码组成二字词组的编码。

❖ 三字词组：依次取前两个字的第 1 码，然后取第 3 个字的前两码，共 4 码组成三字词组的编码。

❖ 四字词组：分别取 4 个字的第 1 码，共 4 码组成四字词组的编码。

❖ 多字词组：依次取前 3 个字的第 1 码，再取最后一个字的第 1 码，共 4 码组成多字词组的编码。

例如，要输入词组"中央电视台"，分解图示如下。

第1步：取"中"字的第1码元

"中"字的第1个码元为"口"，按下对应的键位"K"键，键入编码"K"。

第2步：取"央"字的第1码元

"央"字的第1个码元为"冂"，按下对应的键位"M"键，键入编码"M"。

第3步：取"电"字的第1码元

"电"字的第1个码元为"日"，按下对应的键位"J"键，键入编码"J"。

第4步：取"台"字的第1码元

"台"字的第1个码元为"厶"，按下对应的键位"C"键，键入编码"C"。

综上所述，依次键入编码"KMJC"，即可输入词组"中央电视台"。

6.3.5 知识扩展——什么是补码码元

"补码码元"是指在参与编码时，需要两个码的码元，其中一个码元是对另一个码元的补充。补码码元是成字码元的一种特殊形式，其取码规则为：取码元本身所在的键位作为主码，再取其末笔笔画的编码作为补码。98版五笔字型输入法的补码码元共有"犭、衤、礻"3个。

补码码元	所在键位	主码（第1码）	补码（第2码）
犭	35Q	犭（Q）	丿（T）
礻	45P	礻（P）	丶（Y）
衤	45P	衤（P）	⺀（U）

例如，要输入"获"字，分解图示如下。

第1步：取第1码元

"获"字的第1个码元为"艹"，按下对应

的键位"A"键，键入编码"A"。

第2步：取主码

"获"字的第2个码元为"犭"，该码元为补码码元，主码为"犭"，按下对应的键位"Q"键，键入编码"Q"。

第3步：取补码

"犭"的补码为"丿"，按下对应的键位"T"键，键入编码"T"。

第4步：取第4码元

"获"字的第4个码元为"犬"，按下对应的键位"D"键，键入编码"D"。

综上所述，依次键入编码"AQTD"，即可输入"获"字。

虽然在98版码元键盘图中新增了"犭、礻、衤"3个码元，但由于98版五笔字型输入法增加了"补码码元"功能，因此在输入含有偏旁"犭、礻、衤"的汉字时，这些偏旁的拆分方法实际上与86版是相同的。

6.4 典型实例——进行文章输入练习

本章将结合98版五笔字型输入法对码元的调整、98版五笔字型码元的键位分布及输入汉字等相关知识点，练习使用98版五笔字型输入法输入下面的片段。

曲曲折折的荷塘上面，弥望的是田田的叶子。叶子出水很高，像亭亭的舞女的裙。层层的叶子中间，零星地点缀着些白花，有袅娜地开着的，有羞涩地打着朵儿的；正如一粒粒的明珠，又如碧天里的星星，又如刚出浴的美人。微风过处，送来缕缕清香，仿佛远处高楼上渺茫的歌声似的。这时候叶子与花也有一丝的颤动，像闪电般，霎时传过荷塘的那边去了。叶子本是肩并肩密密地挨着，这便宛然有了一道凝碧的波痕。叶子底下是脉脉的流水，遮住了，不能见一些颜色；而叶子却更见风致了。

月光如流水一般，静静地泻在这一片叶子和花上。薄薄的青雾浮起在荷塘里。叶子和花仿佛在牛乳中洗过一样；又像笼着轻纱的梦。虽然是满月，天上却有一层淡淡的云，所以不能朗照；但我以为这恰是到了好处——酣眠固不可少，小睡也别有风味的。月光是隔了树照过来的，高处丛生的灌木，落下参差的斑驳的黑影，峭楞楞如鬼一般；弯弯的杨柳的稀疏的倩影，却又像是画在荷叶上。塘中的月色并不均匀；但光与影有着和谐的旋律，如梵婀玲上奏着的名曲。

6.5　课后练习

选择题

1. 在 98 版五笔字型输入法中,"D"键上删除的码元有(　　)。

　　A. ⺍、业　　　　　　　　B. 疒、⺧

　　C. 卢、广　　　　　　　　D. 豕、⺉

2. 在下面的选项中,(　　)不是补码码元。

　　A. 犭　　　　　B. 礻　　　　　C. 衤　　　　　D. 牛

3. 在 98 版五笔字型输入法中,"猫"字的编码应为(　　)。

　　A. QAL　　　　　　　　　　B. QALG

　　C. QTAL　　　　　　　　　D. TQAL

简答题

1. 与 86 版相比,98 版五笔字型输入法对码元做了哪些调整?
2. 在 98 版五笔字型输入法中,码元在键盘上是如何的?
3. 在 98 版五笔字型输入法中,补码码元的取码规则是什么?

实践操作题

1. 背诵码元助记词,以便熟悉码元在键盘上的分布。
2. 使用 98 版五笔字型输入法在"记事本"中输入下面的文章。

愚公移山

　　传说古时候有两座大山,一座叫太行山,一座叫王屋山。那里的北山住着一位老人名叫愚公,快 90 岁了。他每次出门,都因被这两座大山阻隔,要绕很大的圈子,才能到南方去。

　　一天,他把全家人召集起来,说:"我准备与你们一起,用毕生的精力来搬掉太行山和王屋山,修一条通向南方的大道。你们说好吗?"

　　大家都表示赞成,但愚公的老伴提出了一个问题:"我们大家的力量加起来,还不能搬移一座小山,又怎能把太行、王屋两座大山搬掉呢?再说,把那些挖出来的泥土和石块放到哪里去呢?"

　　讨论下来大家认为,可以把挖出来的泥土和石块扔到东方的海边和北方最远的地方。

　　第二天一早,愚公带着儿孙们开始挖山。虽然一家人每天挖不了多少,但他们还是坚持挖。直到换季节的时候,才回家一次。

　　有个名叫智叟的老人得知这件事后,特地来劝愚公说:"你这样做太不聪明了,凭你这有限的精力,又怎能把这两座山挖平呢?"愚公回答说:"你这个人太顽固了,简直无法开导,即使我死了,还有我的儿子在这里。儿子死了,还有孙子,孙子又生孩子,孩子又生儿子。子子孙孙是没有穷尽的,而山却不会再增高,为什么挖不平呢?"

　　当时山神见愚公他们挖山不止,便向上帝报告了这件事。上帝被愚公的精神感动,派了两个大力神下凡,把两座山背走。从此,这里不再有高山阻隔了。

122

第7章 其他常用五笔输入法

本章讲些什么

- ❖ 万能五笔输入法。
- ❖ 智能陈桥五笔输入法。
- ❖ 极点五笔输入法。
- ❖ 典型实例——输入一则笑话。

月月：老师，前面我们学习五笔字型输入法时，都是以王码五笔字型输入法为例进行讲解的。其实，我还很想知道有没有其他更好的五笔字型输入法。

老师：当然有啊，下面我就要给你们推荐几款比较实用的五笔字型输入法。

月月：太好了，那我们快开始吧！

7.1 万能五笔输入法

万能五笔输入法是一种集五笔、拼音、英文和笔画等多种输入方式为一体的输入法，它的五笔编码与王码五笔型输入法 86 版完全相同。通过访问官方网站（http://www.wnwb.com/）可下载万能五笔输入法的最新版本，本节将以"万能五笔输入法7.63 版"为例，讲解该输入法的使用方法。

7.1.1 多编码混合输入

使用万能五笔输入法输入汉字时，用户无需切换输入法，就可以使用五笔、拼音和英文等多种编码方式输入汉字。

例如输入"美丽"，键入五笔编码"uggm"、拼音编码"meili"和英文编码"beautiful"都可输入该词。

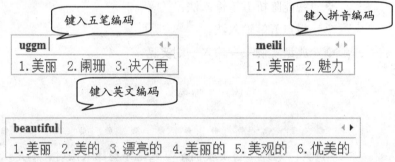

7.1.2 屏幕造词

万能五笔输入法具有屏幕造词功能，通过该功能可以将当前屏幕中显示的任意短语定义为可一次输入的词组。万能五笔输入法的屏幕造词功能的使用方法如下。

第1步：选择"造词"命令

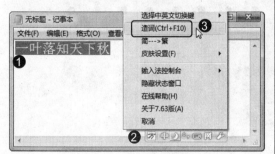

❶ 在"记事本"中输入文字"一叶落知天下秋"并将其选中。

❷ 使用鼠标右键单击万能五笔输入法的

状态条（除软键盘开/关切换按钮外的区域）。

❸ 在弹出的快捷菜单中选择"造词"命令。

选中屏幕中的任意短语后，按下"Ctrl+F10"组合键可快速弹出"生成自定义词组"对话框。

第2步：确认编码

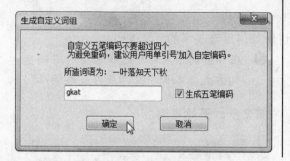

弹出"生成自定义词组"对话框，在文本框中已自动添加了对应的五笔编码，单击"确定"按钮即可。

通过上述操作后，当键入编码"GKAT"时，可快速输入词组"一叶落知天下秋"。

7.1.3　知识扩展——反查编码

使用万能五笔输入法输入汉字时，可反查出刚输入汉字所对应的各种编码。例如，用户突然忘记某个汉字的五笔编码，便可通过万能五笔输入法反查其编码。

1.　开启"反查编码"功能

默认情况下，万能五笔输入法并没有开启反查编码功能，此时就需要按下面的操作步骤开启。

第1步：单击"属性设置"按钮

在万能五笔输入法的状态条中，单击"属性设置"按钮。

使用鼠标右键单击万能五笔输入法的状态条（除软键盘开/关切换按钮外的区域），在弹出的快捷菜单中依次选择"反查编码/词组联想"→"显示编码反查"命令，也可开启反查编码功能。

第2步：开启反查编码功能

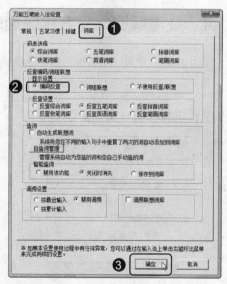

❶ 弹出"万能五笔输入法设置"对话框，切换到"词库"选项卡。

❷ 在"反查编码/词组联想"选项组的"显示设置"栏中选中"编码反查"单选按钮。

125

❸ 单击"确定"按钮即可。

2. 反查五笔编码

下面以反查"凹"字的五笔编码为例，讲解如何反查汉字的五笔编码。

第1步：开启五笔编码查询

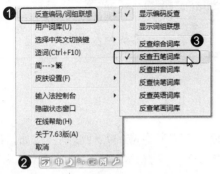

❶ 使用鼠标右键单击万能五笔输入法的状态条（除软键盘开/关切换按钮外的区域）。

❷ 在弹出的快捷菜单中选择"反查编码/词组联想"命令。

❸ 在弹出的子菜单中选择需要的编码查询方式，本例中选"反查五笔词库"。

第2步：开始查询

❶ 使用万能五笔输入法的拼音输入功能在"记事本"中输入"凹"字。

❷ 候选框中将立即显示"凹"字的五笔编码。

7.1.4　疑难解答——怎样快速输入繁体字

使用万能五笔输入法时，还可轻松输入繁体字，具体操作步骤如下。

第1步：选择"简→繁"命令

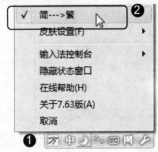

❶ 使用鼠标右键单击万能五笔输入法的状态条（除软键盘开/关切换按钮外的区域）。

❷ 在弹出的快捷菜单中选择"简→繁"命令，使其呈勾选状态。

第2步：输入繁体字

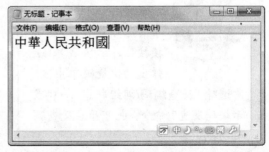

设置后，在"记事本"文档中键入汉字的简体编码，智能五笔输入法都将自动输入繁体字。

126

7.2　智能陈桥五笔输入法

　　智能陈桥五笔输入法的编码规则与王码五笔字型输入法 86 版相同，该输入法具有智能提示、语句输入、语句提示、简化输入和智能选词等功能，其官方下载地址为 http://www.znwb.com/。本节以智能陈桥五笔输入法 6.3 版为例，讲解该输入法的使用方法。

7.2.1　智能提示

　　智能提示是指使用智能陈桥五笔输入法输入汉字或词组时，输入法状态条中会自动显示简码、词组输入及打字速度等相关提示信息，以帮助用户进行输入汉字。例如，键入全码"LFNY"输入"转"字后，状态条中将显示"转"字的简码。

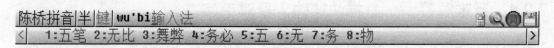

7.2.2　五笔与拼音的转换

　　智能陈桥五笔输入法提供了五笔和拼音两种输入方式，其中拼音可作为辅助输入手段来使用，也可作为专门的拼音输入法来使用。

　　使用拼音输入的方法为：单击输入法状态条上的"智能五笔"按钮，切换到拼音输入状态，此时可通过汉语拼音输入汉字或词组。例如，键入拼音"wubi"，可输入词组"五笔"。

　在智能陈桥五笔输入法的状态条中单击"智能五笔"按钮后，该按钮将变为"陈桥拼音"按钮，对其单击，可切换为五笔输入状态。

7.2.3　知识扩展——显示汉字读音提示

　　智能陈桥五笔输入法具有显示汉字读音提示的功能，该功能在默认状态下是关闭的，若要使用它，可按下面的操作步骤将其打开。

127

第1步：选择"参数设置"命令

❶ 使用鼠标右键单击智能陈桥五笔输入法的状态条。

❷ 在弹出的快捷菜单中选择"参数设置"命令。

第2步：打开汉字读音功能

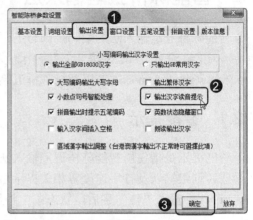

❶ 弹出"智能陈桥参数设置"对话框，切换到"输出设置"选项卡。

❷ 勾选"输出汉字读音提示"复选框。

❸ 单击"确定"按钮。

通过上述设置后，当用户在五笔输入状态下输入单个汉字时，将会在状态条中显示该汉字的读音。例如，输入"转"字后，状态条中会显示"转"字的读音。

7.2.4 疑难解答——怎样快速输入疑难杂字

在使用五笔字型输入法输入汉字时，有些汉字容易拆错，因而不能正确输入。为了解决这个问题，智能陈桥五笔输入法提供了一种简便输入这些疑难字的方法。

连续按下4次万能学习键"Z"键，在状态条的候选框中将显示这些疑难字，同时显示对应的五笔编码。

7.3 极点五笔输入法

极点五笔输入法是一款完全免费的中文输入软件，具有适应多种操作系统、通用性能好等优点，其安装程序可以通过极点五笔官方网站 http://www.freewb.org 下载。本节将以极点五笔 7.0 标准版为例，讲解该输入法的使用方法。

7.3.1　编码反查

极点五笔输入法提供给了"五笔字型"、"五笔拼音"和"拼音输入"3 种输入模式。单击状态条中的输入模式按钮，可在这 3 中输入模式之间轮流切换。

当不清楚某个汉字的五笔编码时，可切换到"五笔拼音"或"拼音输入"输入模式，然后通过汉语拼音输入汉字，以便反查五笔编码。

例如，要输入"凸"字，但不能正确判断其五笔编码，这时可切换到"五笔拼音"或"拼音输入"输入模式，键入汉语拼音"tu"，在候选框中将看到"凸"字的五笔编码为"HGMG"。

使用"五笔拼音"输入模式时，可以实现五笔拼音同步录入，会五笔打五笔，不会五笔可以直接打拼音，且不用进行切换。

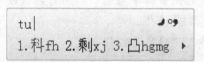

此外，当不知道某个字或词的五笔编码时，还可通过按"Ctrl+/"组合键的方式来反查五笔编码。例如要查询"输"字的五笔编码，可通过拼音输入方式输入并将其选中，按下"Ctrl+C"组合键将其复制到剪贴板中，然后按下"Ctrl+/"组合键，在弹出的"极点查询"对话框中可看见"输"字的五笔编码、汉字读音与解释等信息。

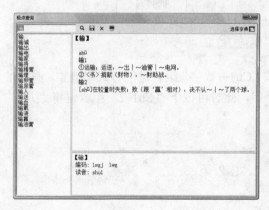

在"极点查询"对话框的左侧列表框中选中某个词组，可查看该词组的解释及五笔编码等信息。

7.3.2　自动调频

极点五笔输入法具有自动调频功能，默认状态下，该功能并未开启，此时可按下面的操作步骤开启。

第1步：选择"版本信息"命令

① 使用鼠标右键单击极点五笔输入法的状态条（除软键盘开/关切换按钮外的区域）。

② 在弹出的快捷菜单中选择"版本信息"命令。

第2步：开启自动调频功能

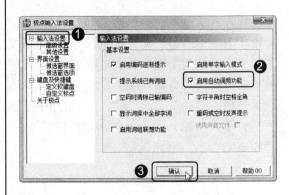

① 弹出"极点输入法设置"对话框，在左侧窗格中单击"输入法设置"链。

② 在右侧窗格中勾选"启用自动调频功能"复选框。

③ 单击"确定"按钮即可。

启动自动调频功能后，有重码时被选择的候选项会自动调位至首位。例如，键入编码"QGNT"后将出现"印发、鱼尾"两个词组，若要输入词组"鱼尾"，按下数字键2即可。当再次键入编码"QGNT"时可发现，极点五笔输入法已自动将词组"鱼尾"调至首位了。

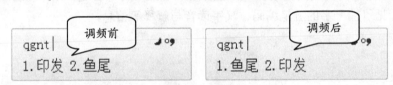

此外，单字不会参与自动调频，只能通过按"Ctrl＋数字"组合键的方式来调整。例如，键入编码"DNV"，将出现"万、尤、九"3个字，此时可按下"Ctrl+2"组合键将"尤"字调整到首位。

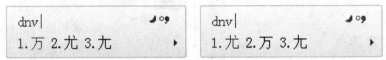

7.3.3　疑难解答——怎样快速输入当前日期

使用极点五笔输入法时，可以通过规定的编码输入当前的时间信息，这些编码都是相关的英文单词，输入后将在候选框中显示相应的内容。例如，键入编码"YEAR"，便可快速输入当前年份"二〇一〇年"或"2010年"。

如下表列出了输入当前年份、当前日期、当前星期、当前时间及当前日期时间的编码。

名　　称	编　码	注　　释
当前年份	YEAR	如果今年是 2010 年，则显示"二〇一〇年"和"2010 年"
当前日期	DATE	如果今天是 3 月 17 日，则显示"二〇一〇年三月十七日"和"2010 年 3 月 17 日"
当前星期	WEEK	如果今天是星期三，则显示"星期三"和"Wednesday"
当前时间	TIME	如果现在是 17：20，则显示"17 时 20 分"和"十七时二十分"
当前日期时间	NOW	显示当前的日期和时间，如"2010 年 3 月 17 日 17 时 20 分 10 秒"

7.4　典型实例——输入一则笑话

本节将结合万能五笔输入法、智能陈桥五笔输入法和极点五笔输入法等知识点，请读者选择一款适合自己的五笔输入法，输入下面的笑话。

新龟兔赛跑

自从兔子输给了乌龟后，心里很生气，有一次，他遇见了乌龟，要求和他比赛，乌龟答应了。第一场兔子输了，原来他太急，跑错了方向，等他来到终点时，乌龟早已获胜了，兔子不服输。

第二场比赛，兔子认准了方向，跑啊跑，快到终点时，他想看看乌龟在哪里，便转过头来看，他见乌龟不在，心里暗暗高兴，想：这次我赢定了，乌龟它算老几啊？等他回过头，乌龟已经在终点上了。兔子很奇怪，问乌龟："你又是怎么赢我的？"乌龟对兔子说："我一直咬着你的尾巴，你转过头时，就把我甩到这里来了！"兔子生气了："不算不算，乌龟作弊！"

最后一次比赛，兔子格外小心，生怕又被乌龟占了空子。兔子快到终点时，远远看去前面好像是乌龟，走近一看，真的是乌龟。兔子认输了。它问乌龟："乌龟大哥，我认输了，不过您得告诉我，您是怎样赢我的？"乌龟对他说："兔子老弟，现在都什么年代了，我是打车过来的！"

7.5　课后练习

选择题

1. 以下列出的输入法中，（　　）可以使用英文编码方式输入汉字。
 A. 万能五笔   B. 智能陈桥
 C. 极点五笔   D. 王码五笔

2. 以下输入法中，（　　）没有"拼音输入"的功能。
 A. 万能五笔   B. 智能陈桥
 C. 极点五笔   D. 王码五笔

3. 使用极点五笔输入法时，键入编码（　　）可输入当前时间。

A. YEAR   B. DATE
C. WEEK   D. TIME

简答题

1. 使用万能五笔和极点五笔时，怎样实现编码反查？

2. 使用智能陈桥时，怎样快速输入疑难杂字？

3. 使用极点五笔时，怎样实现自动调频？

实践操作题

1. 使用极点五笔输入法反查下列汉字的五笔编码。

凹 凸 鹅 舞 拜 鞭 懂 秉 镣 窿

睫 蔫 藕 谰 楚 第 敝 豹 耙 追

阀 庚 猴 戒 韭 臼 卡 眷 求 戊

乍 爪 演 霞 迁 赢 尬 氏 舟 鸯

丐 卸 枣 鸵 陕 甩 片 似 乃 孽

2. 使用万能五笔输入法输入下面的文字，并注意简码和词组的输入。

多努力一次

一对从农村来城里打工的姐妹，几经周折才被一家礼品公司招聘为业务员。

她们没有固定的客户，也没有任何关系，每天只能提着沉重的钟表、影集、茶杯、台灯以及各种工艺品的样品，沿着城市的大街小巷去寻找买主。五个多月过去了，她们跑断了腿，磨破了嘴，仍然到处碰壁，连一个钥匙链也没有推销出去。

无数次的失望磨掉了妹妹最后的耐心，她向姐姐提出两个人一起辞职，重找出路。姐姐说，万事开头难，再坚持一阵，兴许下一次就有收获。妹妹不顾姐姐的挽留，毅然告别那家公司。

第二天，姐妹俩一同出门。妹妹按照招聘广告的指引到处找工作，姐姐依然提着样品四处寻找客户。那天晚上，两个人回到出租屋时却是两种心境：妹妹求职无功而返，姐姐却拿回来推销生涯的第一张订单。一家姐姐四次登门过的公司要招开一个大型会议，向她订购二百五十套精美的工艺品作为与会代表的纪念品，总价值二十多万元。姐姐因此拿到两万元的提成，淘到了打工的第一桶金。从此，姐姐的业绩不断攀升，订单一个接一个而来。

六年过去了，姐姐不仅拥有了汽车，还拥有一百多平方米的住房和自己的礼品公司。而妹妹的工作却走马灯似地换着，连穿衣吃饭都要靠姐姐资助。

妹妹向姐姐请教成功真谛。姐姐说："其实，我成功的全部秘诀就在于我比你多了一次努力。"

第 8 章　使用 Word 2007 处理文档

本章讲些什么

❖ Word 2007 入门知识。

❖ 文档的基本操作。

❖ 输入文档内容。

❖ 编辑文档内容。

❖ 打印文档。

❖ 典型实例——制作"会议通知"文档。

月月: 老师, 公司要求我用电脑写一份会议通知并打印出来, 这该如何实现呢?

老师: 月月, 前面我们已经学会了如何在电脑中输入汉字, 现在你只要学会如何使用文字处理工具就可以了, 如 Word 2007 等。下面我们就要学习 Word 2007 的基本使用方法, 月月, 你可要认真学哦!

月月: 好的!

8.1 Word 2007 入门知识

Word 2007 是 Microsoft Office 2007 软件中的一个重要的组件，也是目前办公领域普及范围比较广的文字处理软件。在 Word 文档中不仅可以编辑和处理文本内容，还可以插入图片、表格等对象，从而制作出图文并茂的文档。要掌握 Word 2007 的使用，首选需要对它有个简单地认识，如 Word 2007 的启动方式、操作界面等。

8.1.1 启动 Word 2007

要使用 Word 2007 编辑文档，首先需要启动该程序，其方法为：单击桌面左下角的"开始"按钮 🌐，在弹出的"开始"菜单中依次选择"所有程序"→"Microsoft Office"→"Microsoft Office Word 2007"命令即可。

Windows 操作系统提供了应用程序与相关文档的关联关系，安装了 Word 2007 以后，双击任何一个 Word 文档图标，不仅能启动 Word 2007 程序，还会打开相应的文档内容。

8.1.2 认识 Word 2007 的操作界面

启动 Word 2007 后，首先显示的是软件启动画面，接下来打开的窗口便是操作界面。该操作界面主要由"Office"按钮 🌐、快速访问工具栏、标题栏、功能区、文档编辑区和状态栏等部分组成。

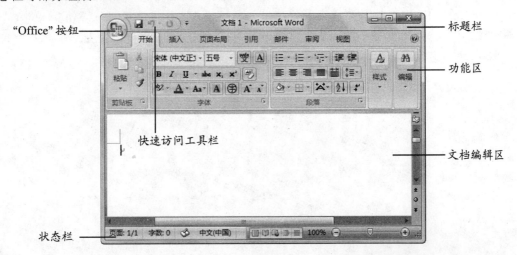

134

1. "Office" 按钮

"Office" 按钮 位于窗口左上角，单击该按钮可弹出 "Office" 菜单，该菜单中包含了 "新建"、"打开"、"保存" 和 "另存为" 等常用操作命令。"Office" 菜单的右侧显示了用户最近编辑过的文档，单击可以快速将其打开。

在 "Office" 菜单中，"另存为"、"打印" 和 "准备" 等部分命令右侧显示有三角按钮▸，表示该命令含有子菜单，当鼠标指针指向这些命令时，会自动弹出子菜单。

2. 快速访问工具栏

默认情况下，快速访问工具栏位于 "Office" 按钮的右侧，用于显示常用的工具按钮，主要包括 "保存" ，、"撤销" 和 "恢复" 3 个按钮，单击这些按钮可执行相应的操作。

使用鼠标右键单击快速访问工具栏，在弹出的快捷菜单中选择 "在功能区下方显示快速访问工具栏" 命令，可将快速访问工具栏显示在功能区的下方。

3. 标题栏

标题栏位于快速访问工具栏的右侧，用于显示正在操作的文档的名称、程序的名称等信息。标题栏右侧有 3 个窗口控制按钮，依次为 "最小化" 按钮、"最大化" 按钮/"向下还原" 按钮和 "关闭" 按钮，单击它们可执行相应的操作。

4. 功能区

功能区位于标题栏的下方，默认情况下包含 "开始"、"插入"、"页面布局"、"引用"、"邮件"、"审阅" 和 "视图" 7 个选项卡，单击某个选项卡，可将其展开。当在文档中选中图片或艺术字等对象时，功能区中会显示与所选对象设置相关的选项卡。例如，在文档中选中图片后，功能区中会显示 "图片工具/格式" 选项卡。

每个选项卡又由多个组组成，例如，"开始" 选项卡由 "剪贴板"、"字体"、"段落"、"样式" 和 "编辑" 5 个组组成。另外，有些组的右下角有一个小图标，我们将其称为 "功能扩展" 按钮，将鼠标指针指向该按钮时，可预览对应的对话框或窗格，单击该按钮，可

135

弹出对应的对话框或窗格。

 在 Word 2007 中，功能区中的各个组会自动适应窗口的大小，有时还会根据当前操作对象自动调整显示的按钮内容。

此外，在编辑文档的过程中，为了能扩大文档编辑区的显示范围，可双击任意选项卡将功能区最小化。最小化功能区后，双击任意选项卡可将其还原。

5. 文档编辑区

文档编辑区位于窗口中央，以白色显示，是输入文字、编辑文本和处理图片的工作区域，在该区域中向用户显示文档内容。

当文档内容超出窗口的显示范围时，编辑区右侧和底端会分别显示垂直与水平滚动条，拖动滚动条中的滚动块，或单击滚动条两端的小三角按钮，编辑区中显示的区域会随之滚动，从而可查看其他内容。

6. 状态栏

状态栏位于窗口底端，用于显示当前文档的页数/总页数、字数、输入语言，以及输入状态等信息。状态栏的右端有两栏功能按钮，其中视图切换按钮用于选择文档的视图方式，显示比例调节工具用于设置文档的显示比例。

8.1.3 退出 Word 2007

完成文档的编辑并保存后，应退出 Word 2007 程序。通常情况下，关闭当前所有打开的 Word 文档，便可退出 Word 2007。

除此之外，还可以通过另一种方法快速退出 Word 2007，具体操作方法为：在任意 Word 窗口中，单击"Office"按钮，在弹出的"Office"菜单中单击"退出 Word"按钮，可快速关闭当前打开的所有 Word 文档，并退出 Word 程序。

 在"Office"菜单中，若单击"Word 选项"按钮，可弹出"Word 选项"对话框，切换到"常用"、或"保存"等选项卡，可对 Word 2007 进行相应的设置。

8.1.4　知识扩展——自定义快速访问工具栏

在编辑文档的过程中，为了提高编辑速度，可以将常用的一些操作按钮添加到快速访问工具栏中。例如要将"打开"按钮添加到快速访问工具栏中，可按下面的操作步骤实现。

第1步：选择"自定义快速访问工具栏"命令

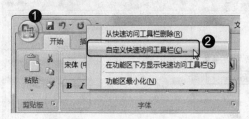

❶ 在任意一个 Word 窗口中，使用鼠标右键单击快速访问工具栏。

❷ 在弹出的快捷菜单中选择"自定义快速访问工具栏"命令。

单击快速访问工具栏右侧的下三角按钮，在弹出的下拉列表框中也可选择需要在快速访问工具栏显示的按钮，如"新建"、"打开"等。

第2步：添加"打开"按钮

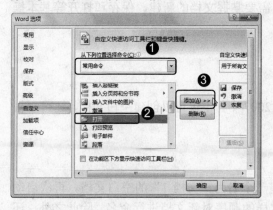

❶ 弹出"Word 选项"对话框，并自动定位到"自定义"选项卡，在"从下列位置选择命令"下拉列表框中选择命令类型，本例中选择"常用命令"。

❷ 在下面的列表框中选择需要添加的按钮，本例中选择"打开"

❸ 单击"添加"按钮。

第3步：单击"确定"按钮

所选按钮将添加到右侧的列表框中，单击"确定"按钮保存设置即可。

如果要将快速访问工具栏中的某个按钮删除掉，可使用鼠标右键对其单击，在弹出的快捷菜单中选择"从快速访问工具栏删除"命令即可。

8.1.5 疑难解答——怎样清除"Office"菜单中最近使用的文档

默认情况下，最近使用过的文档会自动记录在"Office"菜单的"最近使用的文档"列表中，以便用户快速打开最近使用过的文档。为了提高操作安全性，可将"最近使用过的文档"列表清除，具体操作步骤如下。

第1步：打开"Word 选项"对话框

❶ 在 Word 窗口中，单击"Office"按钮。

❷ 在弹出的"Office"菜单中单击"Word 选项"按钮。

第2步：设置最近文档显示的个数

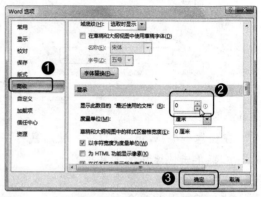

❶ 弹出"Word 选项"对话框，切换到"高级"选项卡。

❷ 在"显示"选项组中，将"显示此数目的'最近使用的文档'"微调框的值设置为"0"。

❸ 设置完成后，单击"确定"按钮保存设置即可。

8.2 文档的基本操作

要想灵活运用 Word 2007 制作文档，首先需要掌握文档的新建、保存和打开等基本操作，接下来将进行详细的讲解。

8.2.1 创建新文档

使用 Word 前，需要创建新文档。在 Word 2007 中，不仅可以创建空白文档，还可以根据模板创建带有格式的文档。

1. 创建空白文档

首次启动 Word 2007 时，系统会自动创建一个名为"文档1"的空白文档。再次启动程序时，系统会以"文档2"、"文档3"……这样的顺序对新文档进行命名。除此之外，还可手动创建空白文档，具体操作步骤如下。

第1步：选择"新建"命令

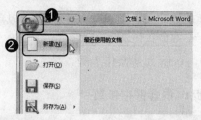

❶ 在 Word 窗口中单击"Office"按钮。

❷ 在弹出的"Office"菜单中选择"新建"命令。

在 Word 环境下，按下"Ctrl+N"组合键，可快速新建一个空白文档。

第2步：创建新空白文档

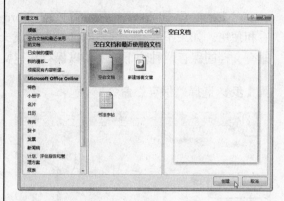

弹出"新建文档"对话框，保持默认选择的选项，直接单击"创建"按钮，即可新建一个空白文档。

2. 根据模板创建

Word 2007 提供了许多模板，用于辅助用户快速创建含有格式的文档，如个人简历、报告和贺卡等，根据模板创建文档的操作步骤如下。

第1步：选择模板样式

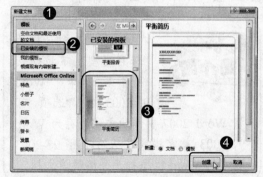

❶ 打开"新建文档"对话框。

❷ 在"模板"列表框中选择模板类型，这里选择"已安装的模板"。

❸ 在中间的列表框中选择需要的模板样式，如"平衡简历"。

❹ 单击"创建"按钮。

第2步：根据模板创建的文档

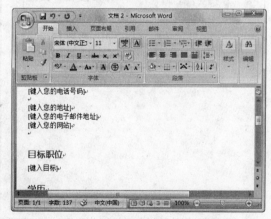

此时，系统会自动打开新窗口，并基于所选模板创建新文档。

139

8.2.2　保存文档

对文档进行相应的编辑后，可通过 Word 的保存功能将其存储到电脑中，以便以后查看和使用。如果不保存，编辑的文档内容就会丢失。文档的保存主要分新建文档的保存和原有文档的保存两种，下面主要以保存新建文档为例，讲解具体操作步骤。

第1步：选择"保存"命令

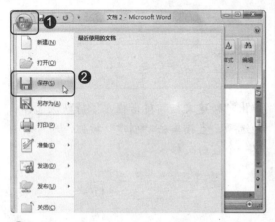

❶ 在 Word 窗口中单击"Office"按钮。
❷ 在弹出的"Office"菜单中选择"保存"命令。

单击快速访问工具栏中的"保存"按钮，或者按下"Ctrl+S"组合键，都可对文档执行保存操作。

第2步：设置保存参数

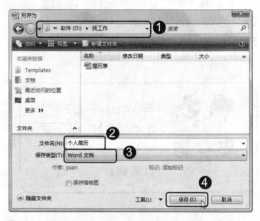

❶ 弹出"另存为"对话框，设置文档的存储路径。
❷ 在"文件名"文本框中输入文件名称。
❸ 在"保存类型"下拉列表框中选择文档的保存格式。
❹ 单击"保存"按钮即可保存。

在"另存为"对话框的"保存类型"下拉列表框中若选择"Word 97-2003 文档"选项，可将 Word 2007 制作的文档另存为 Word 97-2003 兼容模式，从而能用 97-2003 版本的 Word 程序打开并编辑该文档。

保存文档后可继续对文档进行编辑或更改，之后仍然需要进行保存，其方法与新建文档的保存方法相同。只是对它进行保存时，仅是将对文档的更改保存到原文档中，因而不会弹出"另存为"对话框，但会在状态栏中显示"Word 正在保存……"的提示，保存完成后提示立即消失。

对原文档进行修改后，如果希望不改变原文档的内容，可将修改后的文档以不同名称进行另存，或另保存一份副本到电脑的其他位置。另存文档的方法为：单击"Office"按钮，在弹出的"Office"菜单中选择"另存为"命令，在弹出的"另存为"对话框中重新设置文件名或保存路径，然后单击"保存"按钮即可。

 为原文档另存一份副本后，相当于给该文档上了"双保险"，可防止文档的意外丢失。另存文档时，应与原文档保存为不同的文件名或保存路径，否则原文档将被另存的文档所覆盖。

8.2.3　打开文档

若要编辑或修改电脑中已有的文档，首先需要打开该文档。一般来说，先进入该文档的存放路径，再双击文档图标即可将其打开。此外，还可以通过"打开"命令打开文档，具体操作步骤如下。

第1步：选择"打开"命令

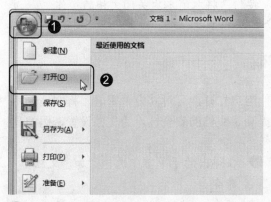

❶ 在 Word 窗口中单击 "Office" 按钮。
❷ 在弹出的 "Office" 菜单中选择"打开"命令。

 在 Word 2007 环境下，按下 " Ctrl+O " 或 "Ctrl+F12" 组合键，可快速打开 "打开" 对话框。

第2步：打开文档

❶ 在弹出的 "打开" 对话框中找到并选中要打开的文档。
❷ 单击 "打开" 按钮即可。

 在 "打开" 对话框中选中需要打开的文档后，单击 "打开" 按钮右侧的三角按钮，在弹出的菜单中可选择文档的打开方式。

8.2.4 关闭文档

对文档进行一系列操作并保存后，如果确认不再对文档进行任何操作，可将其关闭，其方法主要有以下两种。

❖ 在要关闭的文档中，单击标题栏右侧的"关闭"按钮 ⨯ 。
❖ 在要关闭的文档中，单击"Office"按钮，在弹出的"Office"菜单中单击"关闭"命令。

若没有对已修改的文档进行保存，关闭时会弹出提示框询问用户是否保存文档。若单击"是"按钮，可保存文档；若单击"否"按钮，将放弃对该文档的修改；若单击"取消"按钮，将取消本次关闭文档的操作。

8.2.5 知识扩展——为文档设置密码

对于一些比较重要的文档，如果不希望其他用户打开，可对其设置密码。将文档加密后，必须使用正确的密码才能打开文档，从而提高了文档的安全性。为文档设置密码的具体操作步骤如下。

第1步：选择"加密文档"命令

❶ 在要加密的文档中单击"Office"按钮。
❷ 弹出"Office"菜单，将鼠标指针指向"准备"命令。

❸ 在弹出的子菜单中选择"加密文档"命令。

第2步：输入密码

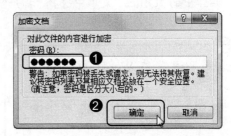

❶ 弹出"加密文档"对话框，在"密码"文本框中输入密码。
❷ 单击"确定"按钮。

142

第3步：确认密码

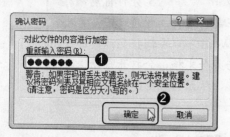

❶ 弹出"确认密码"对话框，在"重新
输入密码"文本框中再次输入密码。

❷ 单击"确定"按钮。

如果要取消文档的密码保护，可先打开该文档，然后打开"加密文档"对话框，将"密码"文本框中的密码删除掉，最后单击"确定"按钮即可。

8.2.6 疑难解答——怎样防止因死机而导致文档数据丢失

在编辑文档的过程中，为了防止停电、死机等意外情况导致当前编辑的内容丢失，可以使用 Word 2007 的自动保存功能，每隔一段时间自动保存一次文档，从而最大限度地避免文档内容的丢失。

默认情况下，Word 会每隔 10 分钟自动保存一次文档，如果希望缩短间隔时间，可按下面的操作步骤进行更改。

第1步：打开"Word 选项"对话框

❶ 在 Word 窗口中单击"Office"按钮。

❷ 在弹出的"Office"菜单中单击"Word
选项"按钮。

第2步：设置自动保存的时间间隔

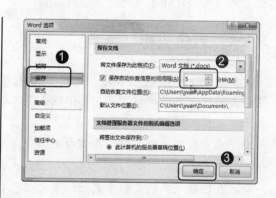

❶ 弹出"Word 选项"对话框后切换到
"保存"选项卡。

❷ 在"保存文档"栏中，"保存自动恢复
信息时间间隔"复选框默认为勾选状
态，此时只需在右侧的微调框中设置
自动保存的时间间隔，这里设置为
"5"。

❸ 设置完成后单击"确定"按钮保存设
置即可。

通过上述设置后，Word 会每隔 5 分钟自动保存一次文档，若文档在非正常关闭的情况下，再次启动 Word 程序时，Word 窗口左侧将显示最近一次保存的文档，单击某个文档，会打开自动保存过的内容，此时可对其进行保存操作，从而把损失降低到最小。

8.2.7　疑难解答——怎样一次性保存所有文档

要想一次性保存当前所有打开的文档，还需要先将"全部保存"按钮添加到快速访问工具栏中，其操作方法可参考 8.1.4 节的内容，只是在选择命令类型时，需要在"从下列位置选择命令"下拉列表框中选择"不在功能区中的命令"选项。

此后，当打开了多个文档并进行相应的编辑后，在快速访问工具栏中单击"全部保存"按钮便可一次性保存这些文档。

8.3　输入文档内容

掌握了文档的基本操作后，就可以在其中输入文档内容了，如输入文本内容、在文档中插入符号等，接下来将分别进行讲解。

8.3.1　定位光标插入点

启动 Word 后，在编辑区中不停闪动的光标"I"便为光标插入点，光标插入点所在位置便是输入文本的位置。在文档中输入文本前，需要先定位好光标插入点，其方法有以下几种。

❖ 在空白文档中定位：在空白文档中，光标插入点就在文档的开始处，此时可直接输入文本。

❖ 在已有文本的文档中定位：若文档已有部分文本，当需要在某一具体位置输入文本时，可将鼠标指针指向该处，当鼠标光标呈"I"形状时，单击鼠标左键即可。

❖ 通过键盘定位：通过编辑控制键区中的"Home"键、"End"键及光标移动键（↑、↓、→和←）等按键定位光标插入点，其方法可参考 2.1.2 节的内容。

8.3.2　输入文本内容

定位好光标插入点后，切换到自己惯用的输入法，然后输入相应的文本内容即可。在输入文本的过程中，光标插入点会自动向右移动。当一行的文本输入完毕后，插入点会自动转到下一行。在没有输满一行文字的情况下，若需要开始新的段落，可按下"Enter"键进行换行。

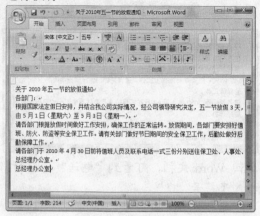

如果要在文档的任意位置输入文本，可通过"即点即输"功能实现，方法为：将鼠标指针指向需要输入文本的位置，当鼠标指针呈"I≡"形状时双击鼠标左键，即可在当前位置定位光标插入点，此时便可输入相应的文本内容了。

8.3.3 在文档中插入符号

在输入文档内容的过程中，除了输入普通的文本之外，还可输入一些特殊文本，如"%"、"&"等符号。有些符号能够通过键盘直接输入，但有的符号却不能，如"✉"、"①"等，这时可通过插入符号的方法进行输入，具体操作步骤如下。

第1步：选择"其他符号"选项

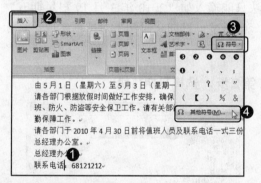

❶ 定位好光标插入点，本例中定位到"电话"的后面。

❷ 切换到"插入"选项卡。

❸ 单击"符号"组中的"符号"按钮。

❹ 在弹出的下拉列表框中选择"其他符号"选项。

第2步：选择需要插入的符号

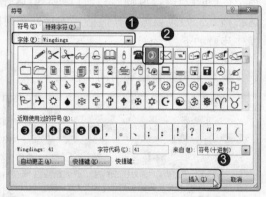

❶ 弹出"符号"对话框，在"字体"下拉列表框中选择符号类型。

❷ 在列表框中选中需要插入的符号。

❸ 单击"插入"按钮。

第3步：关闭对话框

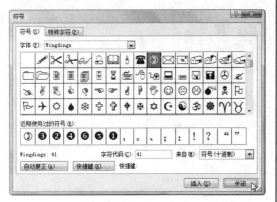

此时，"插入"按钮右边的"取消"按钮变为"关闭"按钮，对其单击关闭"符号"对话框。

第4步：插入后的效果

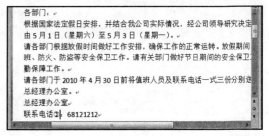

返回 Word 文档，可看到"电话"的后面插入了符号"③"。

8.3.4 知识扩展——快速输入当前日期

在制作通知、信函等文档时，通常会在结尾处输入日期。Word 提供了输入系统当前日期和时间文本的功能，以减少用户的手动输入量。例如输入当前年份（如"2010 年"）后按下"Enter"键，可输入当前日期，但这种方法只能输入如"2010 年 3 月 19 日星期五"这种格式。如果要输入其他格式的日期和时间，可通过"日期和时间"对话框实现，具体操作步骤如下。

第1步：单击"日期和时间"按钮

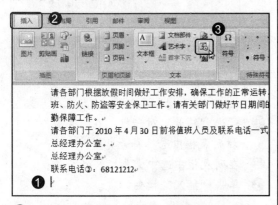

❶ 将光标插入点定位在需要输入日期的位置。

❷ 切换到"插入"选项卡。

❸ 单击"文本"组中的"日期和时间"按钮。

第2步：选择日期格式

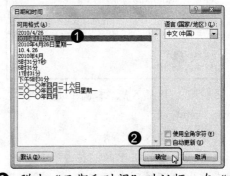

❶ 弹出"日期和时间"对话框，在"可用格式"列表框中选择需要的日期格式。

❷ 选择好后，单击"确定"按钮即可。

第3步：查看效果

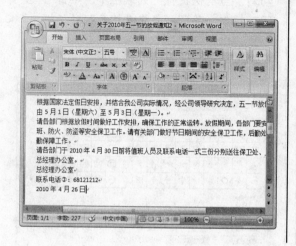

所选格式的日期即可插入到当前光标插入点处。

插入时间的方法与此类似，只需在"日期和时间"对话框的"可用格式"列表框中选择相应的时间格式即可。

8.3.5 疑难解答——怎样快速插入多个同一符号

当要在文档中大量输入某个符号时，如果通过前面讲解的方法输入就会很麻烦，此时可通过为该符号设置快捷键的方法实现快速输入。例如，要对符号"☽"设置快捷键，可按下面的操作步骤实现。

第1步：单击"快捷键"按钮

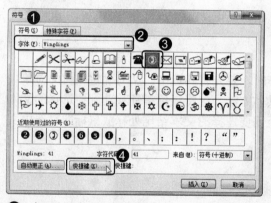

❶ 打开"符号"对话框。

❷ 在"字体"下拉列表框中选择符号类型。

❸ 在列表框中选中要设置快捷键的符号，本例中选择"☽"。

❹ 单击"快捷键"按钮。

第2步：指定快捷键

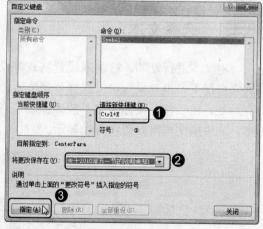

❶ 弹出"自定义键盘"对话框，光标自动定位到"请按新快捷键"文本框中，在键盘上按下需要的快捷键，例如"Ctrl+E"，该快捷键即可显示在文本框中。

❷ 在"将更改保存在"下拉列表框中选择保存位置，本例中选择当前文档。

❸ 单击"指定"按钮。

第3步：关闭"自定义键盘"对话框

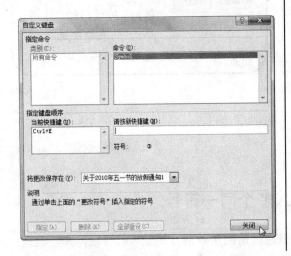

对符号指定快捷键后，该快捷键将自动移动到"当前快捷键"列表框中。单击"关闭"按钮，关闭"自定义键盘"对话框。

第4步：关闭"符号"对话框

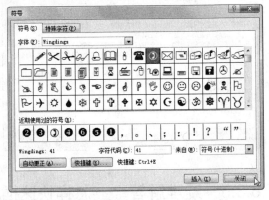

返回"符号"对话框，单击"关闭"按钮关闭该对话框即可。

8.4 编辑文档内容

在文档中输入内容后，还可运用复制、移动、查找和替换等功能对这些内容进行相应的编辑，从而使文档更加完善。

8.4.1 选择文本

对文本进行复制、移动或设置格式等操作时，要先将其选中，从而确定编辑的对象。通常情况下，拖动鼠标可以选择任意文本，具体方法为：将鼠标指针移动到要选择的文本开始处，然后按住鼠标左键不放并拖动，直至需要选择的文本结尾处释放鼠标即可选中文本，选中的文本将以蓝色背景显示。

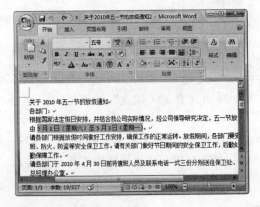

若要取消文本的选择，使用鼠标单击所选对象以外的任何位置即可。

148

此外，还可通过以下方法选择文本。

❖ 选择词组：双击要选择的词组。

❖ 选择一行：将鼠标指针指向某行左边的空白处，当指针呈"↗"时，单击鼠标左键即可选中该行。

❖ 选择一句话：按住"Ctrl"键不放，同时使用鼠标单击需要选定的句中任意位置，即可选中该句。

❖ 选择分散文本：先拖动鼠标选定第一个文本区域，再按住"Ctrl"键不放，然后拖动鼠标选定其他不连续的文本，选择完成后释放"Ctrl"键即可。

❖ 选择垂直文本：按住"Alt"键不放，然后按住鼠标左键拖动出一块矩形区域，选择完成后释放"Alt"键即可。

❖ 选择一个段落：将鼠标指针指向某段落左边的空白处，当指针呈"↗"时，双击鼠标左键即可选中当前段落；将光标定位到某段落的任意位置，然后快速地连续单击鼠标左键3次也可以选中该段落。

❖ 选择整篇文档：将鼠标指针指向编辑区左边的空白处，当指针呈"↗"时，快速地连续3次单击鼠标左键即可选中整篇文档；在"开始"选项卡中，单击"编辑"选项组中的"选择"按钮，在弹出的下拉列表框中选择"全选"选项，也可选中整篇文档。

按下"Ctrl+A"（或"Ctrl+小键盘数字键5"）组合键，可快速选择整篇文档。

8.4.2 复制文本与移动文本

输入文字时，若要输入相同内容，可通过复制操作来完成；若要改变某部分内容的先后顺序，可通过移动操作来实现。

1. 复制文本

对于文档中内容重复部分的输入，可通过复制粘贴操作来完成，从而提高文档编辑效率。复制文本的具体操作步骤如下。

149

第1步：复制文本

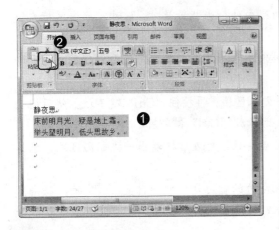

❶ 选中要复制的文本内容。

❷ 在"开始"选项卡中，单击"剪贴板"组中的"复制"按钮，将选中的内容复制到剪贴板中。

第2步：粘贴文本

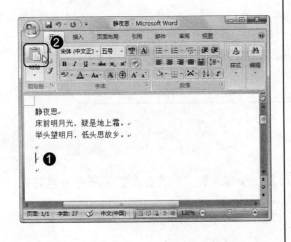

❶ 将光标插入点定位在要输入相同内容的位置。

❷ 在"剪贴板"组中单击"粘贴"按钮。

第3步：查看效果

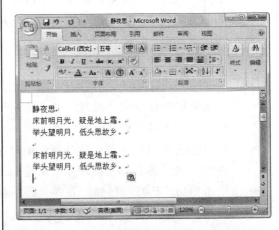

选中的内容将被复制到当前光标所在位置。

选中文本后按下"Ctrl+C"组合键，可快速进行复制；将光标插入点定位在要输入相同内容的位置后按下"Ctrl+V"组合键，可快速进行粘贴。

2. 移动文本

在编辑文档的过程中，如果需要将某个词语或段落移动到其他位置，可通过剪切粘贴操作来完成，具体操作步骤如下。

第1步：剪切文本

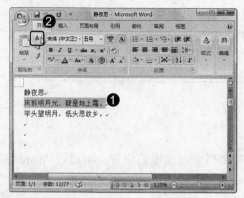

❶ 选中需要移动的文本内容。

❷ 在"开始"选项卡中，单击"剪贴板"组中的"剪切"按钮，将选中的内容剪切到剪贴板中。

第2步：粘贴文本

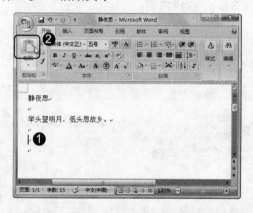

❶ 将光标插入点定位到要移动的目标位置。

❷ 在"剪贴板"组中单击"粘贴"按钮。

第3步：查看效果

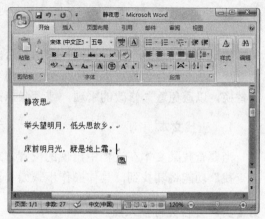

执行以上操作后，选中的文本就被移动到了新的位置。

选中文本后按下"Ctrl+X"组合键，可快速进行剪切。

8.4.3 删除多余的文本

当输入了错误或多余的内容时，可通过以下几种方法将其删除。

❖ 按下"BackSpace"键，可删除光标插入点前一个字符。

❖ 按下"Delete"键，可删除光标插入点后一个字符。

❖ 按下"Ctrl+BackSpace"组合键，可删除光标插入点前一个单词或短语。

❖ 按下"Ctrl+Delete"组合键，可删除光标插入点后一个单词或短语。

选中某文本对象（如词语、句子、行或段落等）后，按下"Delete"或"BackSpace"键可快速将其删除。

8.4.4 查找与替换文本

如果想要知道某个字、词或一句话是否出现在文档中及出现的位置，可通过 Word 的"查找"功能进行查找。当发现某个字或词全部输错了，可通过 Word 的"替换"功能进行替换，以避免逐一修改的繁琐，或者漏掉需要修改的地方。

1. 查找文本

当要查找某文本在文档中出现的位置，或要对某个特定的对象进行替换操作，可通过"查找"功能将其找到，具体操作步骤如下。

第1步：定位光标插入点

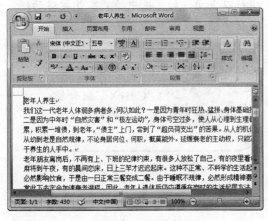

将光标插入点定位在文档的起始处。

第2步：单击"查找"按钮

在"开始"选项卡的"编辑"组中单击"查找"按钮。

第3步：查找内容

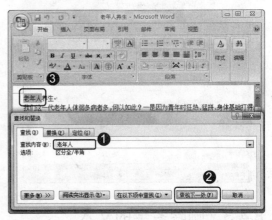

❶ 弹出"查找和替换"对话框，并自动定位在"查找"选项卡，在"查找内容"文本框中输入要查找的内容，如"老年人"。

❷ 单击"查找下一处"按钮。

❸ 此时 Word 会自动从插入点位置开始查找，当找到"老年人"出现的第一个位置时，会以选中的形式显示。

在"查找内容"文本框中输入要查找的内容后,单击"阅读突出显示"按钮,在弹出的菜单中选择"全部突出显示"命令,可突出显示查找到的内容。

第4步:单击"确定"按钮

将光标插入点定位在文档的起始处。

2. 替换文本

若要将文档中的某个字或词替换为另一个字或词,可通过"替换"功能实现,具体操作步骤如下。

第1步:定位光标插入点

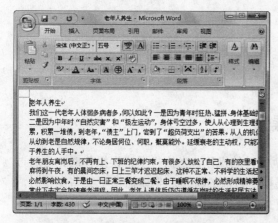

将光标插入点定位在文档的起始处。

第2步:单击"替换"按钮

若继续单击"查找下一处"按钮,Word会继续查找,当查找完成后会弹出提示信息,单击"确定"按钮将其关闭。

第5步:关闭对话框

返回"查找和替换"对话框,单击"关闭"按钮或"取消"按钮关闭该对话框。

在"开始"选项卡的"编辑"组中单击"替换"按钮。

第3步:设置查找与替换内容

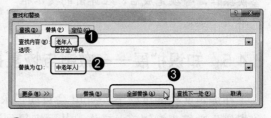

❶ 弹出"查找和替换"对话框,并自动定位在"替换"选项卡,在"查找内容"文本框中输入要查找的内容,这里输入"老年人"。

❷ 在"替换为"文本框中输入要替换的内容,这里输入"中老年人"。

❸ 单击"全部替换"按钮。

153

在"查找和替换"对话框的"替换"选项卡中设置好相应的内容后，单击"查找下一处"按钮，Word会先进行查找，当找到查找内容出现的第一个位置时，此时可进行两种操作。若单击"替换"按钮可替换当前内容，同时自动查找指定内容的下一个位置；如果单击"查找下一处"按钮，Word会忽略当前位置，并继续查找指定内容的下一个位置。

第 5 步：关闭对话框

返回"查找和替换"对话框，单击"关闭"按钮关闭该对话框。

第 6 步：查看效果

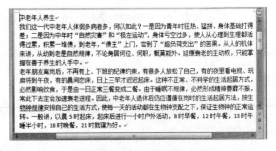

返回文档，可查看替换后的效果。

第 4 步：完成替换

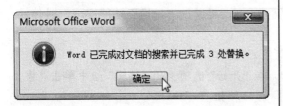

Word将对文档中所有"老年人"一词进行替换操作，替换完成后，在弹出的提示框中单击"确定"按钮。

8.4.5 知识扩展——撤销与恢复操作

在编辑文档的过程中，Word会自动记录执行过的操作，当执行了错误操作时，可通过"撤销"功能来撤销前一操作，从而恢复到误操作之前的状态。当误撤销了某些操作时，可通过"恢复"功能取消之前的撤销操作，使文档恢复到撤销操作前的状态。

1. 撤销操作

在编辑文档的过程中，当出现一些误操作时，例如误删了一段文本、替换了不该替换的内容等，都可利用Word提供的"撤销"功能来执行撤销操作，其方法有以下几种。

❖ 单击快速访问工具栏上的"撤销"按钮 ，可撤销上一步操作，继续单击该按钮，可撤销多步操作，直到"无路可退"。

❖ 单击"撤销"按钮右侧的下三角按钮 ，在弹出的下拉列表框中可选择撤销到某一指定的操作。

❖ 按下 "Ctrl+Z"（或 "Alt+ BackSpace"）组合键，可撤销上一步操作，继续按下 "Ctrl+Z " 组合键可撤销多步操作。

2. 恢复操作

撤销某一操作后，可通过 "恢复" 功能取消之前的撤销操作，其方法有以下几种。

❖ 单击快速访问工具栏中的 "恢复" 按钮 ，可恢复被撤销的上一步操作，继续单击 该按钮，可恢复被撤销的多步操作。

❖ 按下 "Ctrl+Y" 组合键（或 "F4" 键）可恢复被撤销的上一步操作，继续按下该组 合键可恢复被撤销的多步操作。

3. 重复操作

在没有进行任何撤销操作的情况下，"恢复" 按钮 会显示为 "重复" 按钮 ，对其单 击或按下 "Ctrl+Y" 组合键（或 "F4" 键），可重复上一步操作。

例如，输入 "五笔" 一词后，单击 "重复" 按钮可重复输入该词。再如，对某文本 设置字体颜色后，再选中其他文本，单击 "重复" 按钮，可对所选文本设置同样的字体 颜色。

8.4.6 疑难解答——怎样快速清除文档中的多余空行

如果 Word 文档中有许多多余的空行，手动删除不仅效率低，而且还相当繁琐，针对 这样的情况，我们可以用 Word 自带的替换功能来进行处理，具体操作步骤如下。

第1步：单击 "更多" 按钮

❶ 打开 "查找和替换" 对话框。

❷ 切换到 "替换" 选项卡。

❸ 单击 "更多" 按钮。

第2步：选择 "段落标记" 命令

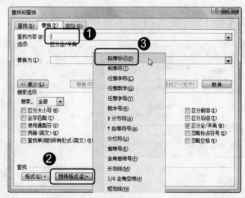

❶ 展开 "查找和替换" 对话框，将光标 插入点定位在 "查找内容" 文本框。

❷ 单击 "特殊格式" 按钮。

❸ 在弹出的菜单中选择 "段落标记" 命 令。

第3步：出现"^P"字样

此时，"查找内容"文本框中将出现"^P"字样。

第4步：完成查找与替换内容的设置

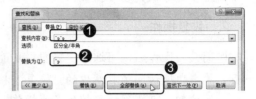

❶ 用同样的方法再在"查找内容"文本框中输入一个"^P"。

❷ 在"替换为"文本框中输入"^P"。

❸ 设置完成后单击"全部替换"按钮即可。

8.5 打印文档

完成文档的编辑后，为了便于查阅，可将该文档打印出来，即将制作的文档内容输出到纸张上。在打印文档前，不仅要确保电脑已经连接了打印机，还要通过 Word 提供的"打印预览"功能查看输出效果，以避免各种错误造成纸张的浪费。

8.5.1 打印预览

打印预览是指用户可以在屏幕上预览打印后的效果，如果对文档中的某些地方不满意，可返回编辑状态下对其进行修改。对文档进行打印预览的具体操作步骤如下。

第1步：选择"打印预览"命令

❶ 打开需要打印的 Word 文档，单击"Office"按钮。

❷ 在弹出的"Office"菜单中将鼠标指针指向"打印"命令。

❸ 在弹出的子菜单中选择"打印预览"命令。

在要打印的文档中，按下"Ctrl+Alt+I"组合键可快速进入打印预览状态。

156

第2步：预览效果

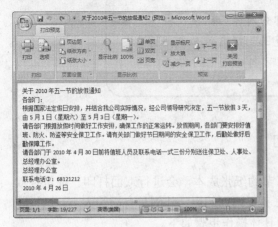

进入打印预览状态，并激活"打印预览"选项卡，此时可查看文档打印后的效果。

完成预览后若确认没有任何问题，可单击"打印"组中的"打印"按钮进行打印。

若还需要对文档进行修改，可单击"预览"组中的"关闭打印预览"按钮退出预览状态，返回文档的编辑状态。

8.5.2　打印输出

完成文档的编辑后，如果确认其内容和格式都正确无误，就可以将其打印出来了，具体操作步骤如下。

第1步：选择"打印"命令

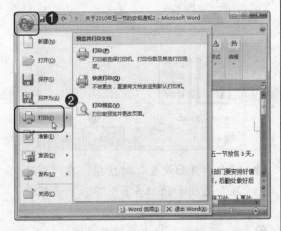

在要打印的文档中，按下"Ctrl+P"组合键可快速打开"打印"对话框。

❶ 打开需要打印的 Word 文档，单击"Office"按钮。

❷ 在弹出的"Office"菜单中选择"打印"命令。

第2步：设置参数并打印

❶ 在弹出的"打印"对话框中设置打印范围、份数等参数。

❷ 设置完成后单击"确定"按钮，与电脑连接的打印机会自动打印输出文档。

选中文档中的部分内容后，在"打印"对话框的"页面范围"栏中若选中"所选内容"单选按钮，可打印选中的内容。

8.5.3　知识扩展——实现双面打印

在打印文档时，有时出于格式要求或为了节约纸张成本，会进行双面打印。在进行双面打印前，还应先设置"对称页边距"，使纸张正反两面的内、外侧具有同等大小，这样装订后会显得整齐美观。设置"对称页边距"的具体操作步骤如下。

第1步：单击启动按钮

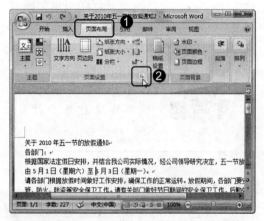

❶ 在要进行双面打印的文档中，切换到"页面布局"选项卡。

❷ 单击"页面设置"组中的"功能扩展"按钮。

第2步：设置内侧和外侧的边距

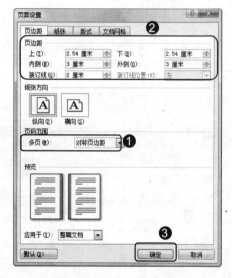

❶ 弹出"页面设置"对话框，在"页边距"选项卡的"多页"下拉列表框中选择"对称页边距"选项。

❷ 在"页边距"栏中设置页边距的大小。一般为了美观和便于装订，最好将内侧（即将来装订的一侧）边距设置得稍微大些。如果有固定的装订位置，可指定装订线距离。

❸ 设置完成后，单击"确定"按钮。

设置好对称页边距后，就可进行双面打印了，具体操作步骤如下。

158

第1步：打印奇数页

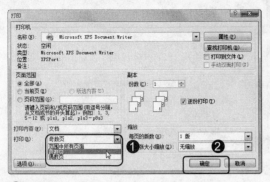

❶ 在要打印的文档中，打开"打印"对话框，在"打印"下拉列表框中选择"奇数页"选项。

❷ 单击"确定"按钮，开始打印文档的奇数页。

第2步：打印偶数页

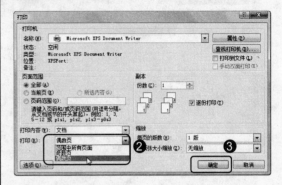

❶ 等奇数页打印结束后，将原先已打印好的纸反过来重新放到打印机上。

❷ 打开"打印"对话框，在"打印"下拉列表框中选择"偶数页"选项。

❸ 单击"确定"按钮，开始打印文档的偶数页。至此，便完成了文档的双面打印。

8.5.4　疑难解答——激光打印机打印时卡纸怎么办

激光打印机打印时最常见的故障是卡纸，此故障可能是由盛纸盘安装不正、打印纸质量不好（如过薄、过厚或受潮等）、打印通道内有异物、打印机搓纸轮被磨损或压纸弹簧松脱压力不够等原因引起的。

出现这种故障时，先打开打印机上盖，按进纸方向旋转按钮取出被卡的打印纸。接着打印测试页，看是否卡纸，如果还卡纸，更换合格的打印纸测试，看是否是因为打印纸受潮、过薄或过厚等造成的卡纸。经检查发现故障依旧，就要检查打印机的搓纸轮是否有磨损。如果搓纸轮正常，检查压纸弹簧，若发现压纸弹簧失效，重新更换弹簧。至此，故障排除。

8.5.5　疑难解答——打印过程中如何停止打印

在打印过程中，如果发现打印选项设置错误，或打印时间太长而无法完成打印，可停止打印。方法为：在任务栏的通知区域中双击打印机图标，在打开的打印任务窗口中，使用鼠标右键单击需要停止的打印任务，在弹出的快捷菜单中选择"取消"命令，在弹出的提示对话框中单击"是"按钮即可停止。

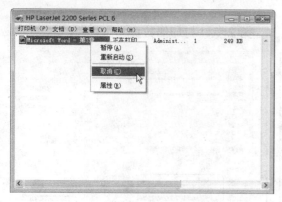

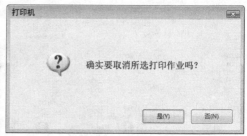

8.6 典型实例——制作"会议通知"文档

本节将结合启动 Word 2007、文档的基本操作及输入文档内容等相关知识点，练习制作一篇"会议通知"文档，具体操作步骤如下。

第1步：输入内容

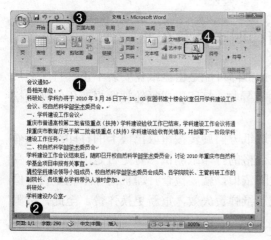

❶ 新建一篇 Word 文档，并在其中输入会议通知的相关内容。

❷ 在"学科建设办公室"末尾处按下"Enter"键换行，并将光标插入点定位在该行。

❸ 切换到"插入"选项卡。

❹ 单击"文本"组中的"日期和时间"按钮。

第2步：输入日期

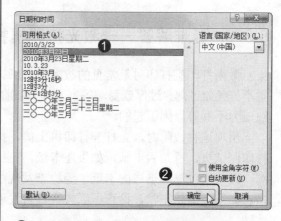

❶ 弹出"日期和时间"对话框，在"可用格式"列表框中选择需要的日期格式。

❷ 选择好后，单击"确定"按钮。

第3步：保存文档

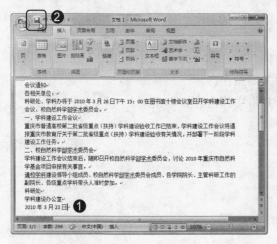

❶ 所选格式的日期即可插入到当前光标插入点处。

❷ 完成内容的输入后，单击快速访问工具栏中的"保存"按钮。

第4步：设置保存参数

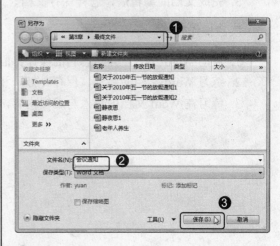

❶ 弹出"另存为"对话框，设置文档的存储路径。

❷ 在"文件名"文本框中输入文件名称。

❸ 相关参数设置完成后，单击"保存"按钮进行保存。至此，便完成了"会议通知"文档的制作。

8.7 课后练习

选择题

1. 在下列选项中，（ ）不是快速访问工具栏默认包含的按钮。

    A. 保存　　　　　　　　　　　　B. 打开

    C. 撤销　　　　　　　　　　　　D. 恢复

2. 在下列选项中，执行（ ）项操作，可实现一句话的选择。

    A. 双击某个词组。

    B. 将鼠标指针指向某行左边的空白处，当指针呈"⟋"时单击鼠标左键。

    C. 按住"Ctrl"键不放，同时使用鼠标单击需要某句的任意位置。

    D. 按住"Alt"键不放，然后按住鼠标左键拖动出一块矩形区域。

3. 按下（ ）组合键，可对选中的文本执行复制操作。

    A. Ctrl+S　　　　　　　　　　　B. Ctrl+O

    C. Ctrl+X　　　　　　　　　　　D. Ctrl+D

简答题

1. 怎样启动 Word 2007？

2. Word 2007 的操作界面由哪些部分组成？

3. 完成文档的编辑后，怎样保存文档？

实践操作题

1. 启动 Word 2007，并熟悉它的操作界面。

2. 练习 Word 文档的新建、保存、打开和关闭操作。

3. 练习在 Word 文档中输入与编辑内容，并将文档内容打印出来。

第9章　设置文档格式

本章讲些什么

❖　设置文本格式。

❖　设置段落格式。

❖　项目符号与编号的应用。

❖　运用样式高效排版。

❖　典型实例——编辑"公司规章制度"文档。

月月：老师，太好了，我已经能制作出办公文档了！看来 Word 学起来可一点都不难啊！

老师：月月，你可不要骄傲哦！虽然你已经做出文档了，但是看起来非常凌乱，没有一点层次感。

月月：知道了，老师，那我现在应该怎样做，才让文档看起来有层次感呢？

老师：别着急，今天我就会告诉你怎样对制作好的文档设置格式。

9.1　设置文本格式

　　在 Word 文档中输入文本后，为了能突出重点、美化文档，可对文本设置字体、字号、字体颜色、加粗、倾斜、下画线、上标和下标等格式，从而让千篇一律的文字样式变得丰富多彩。

9.1.1　设置字体、字号和字体颜色

　　在 Word 文档中输入文本后，默认显示的字体为"宋体 (中文正文)"，字号为"五号"，字体颜色为黑色，根据操作需要，可通过"开始"选项卡的"字体"组对这些格式进行更改，具体操作步骤如下。

第1步：单击下三角按钮

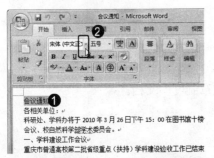

❶ 在 Word 文档中，选中需要设置字体的文本。

❷ 在"开始"选项卡的"字体"组中，单击"字体"文本框右侧的下三角按钮。

在 Word 2007 中，选中需要设置格式的文本后，会自动显示浮动工具栏，此时通过单击相应的按钮，可设置相应的格式。

第2步：选择字体

　　在弹出的下拉列表中框选择需要的字体。

当弹出的下拉列表框中含有 ▭▭▭▭ 标志时，将鼠标指针指向该标志，当指针呈双向箭头↕时，拖动鼠标可调整下拉列表框的高度。

第3步：设置字号

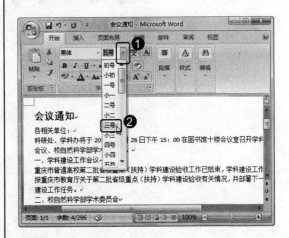

❶ 保持当前文本的选中状态，单击"字号"文本框右侧的下三角按钮。

❷ 在弹出的下拉列表框中选择需要的字号。

第4步：设置字体颜色

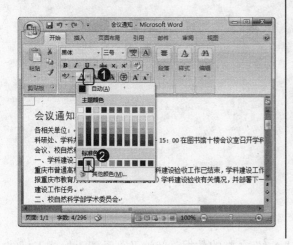

❶ 保持当前文本的选中状态，单击"字体颜色"按钮右侧的下三角按钮。

❷ 在弹出的下拉列表框中选择需要的字体颜色即可。

对选中的文本设置字号、字体和字体颜色等格式时，在下拉列表框中将鼠标指针指向某个选项，可在文档中预览应用后的效果。

9.1.2 设置加粗倾斜效果

在设置文本格式的过程中，有时还可对某些文本设置加粗或倾斜效果，以达到醒目的作用。设置加粗、倾斜效果的具体操作步骤如下。

第1步：设置加粗效果

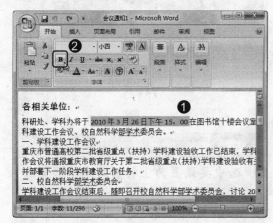

❶ 在 Word 文档中选中要设置加粗效果的文本。

❷ 在"开始"选项卡的"字体"组中单击"加粗"按钮。

选中文本后，按下"Ctrl+B"组合键可设置加粗效果；按下"Ctrl+I"组合键可设置倾斜效果。

第2步：设置倾斜效果

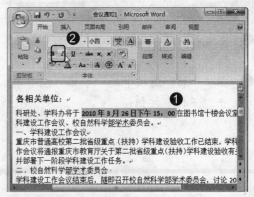

❶ 选中要设置倾斜效果的文本。

❷ 单击"倾斜"按钮。

165

第3步：查看效果

各相关单位：

科研处、学科办将于 *2010 年 3 月 26 日下午 15：00* 在图书
科建设工作会议、校自然科学部学术委员会。
一、学科建设工作会议
重庆市普通高校第二批省级重点（扶持）学科建设验收工
作会议将通报重庆市教育厅关于第二批省级重点(扶持)学科
并部署下一阶段学科建设工作任务。
二、校自然科学部学术委员会
学科建设工作会议结束后，随即召开校自然科学部学术委员
庆市自然科学基金项目申报有关事宜。

所选文本即可呈加粗倾斜效果显示。

9.1.3 设置上标或下标

在编辑文档的过程中，如果想输入诸如"A_1^2"之类的数据，就涉及到设置上标或下标的方法。下面以设置"A_1^2"为例，讲解具体操作步骤。

第1步：设置下标	**第2步：设置上标**
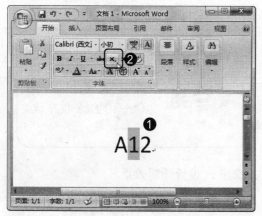	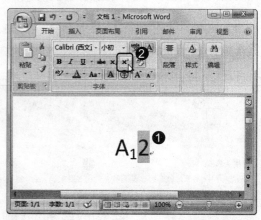
❶ 在文档中输入"A12"，并选中要设置为下标的文字，这里选"1"。	❶ 选中要设置为上标的文字，这里选"2"。
❷ 在"开始"选项卡的"字体"组中单击"下标"按钮。	❷ 单击"上标"按钮。

第3步：查看效果

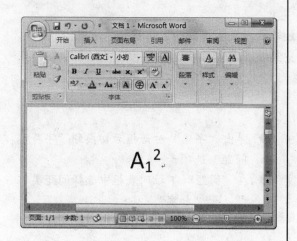

通过上述设置后，"A12"就变成了"A_1^2"。

选中文本内容后，按下"Ctrl+Shift+="组合键可将其设置为上标，按下"Ctrl+="组合键可将其设置为下标。

9.1.4 为文本添加下画线

在设置文本格式的过程中，对某些词、句添加下画线，不但可以美化文档，还能让文档轻重分明、突出重点。对文本添加下画线的具体操作步骤如下。

第1步：添加下画线

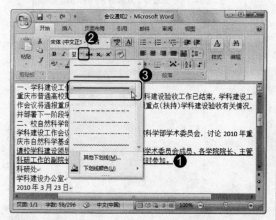

❶ 在 Word 文档中，选中要添加下画线的文本。

❷ 在"开始"选项卡的"字体"组中，单击"下画线"按钮右侧的下三角按钮。

❸ 在弹出的下拉列表框中选择需要的下画线样式。

第2步：设置下画线颜色

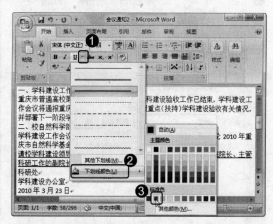

❶ 保持该文本的选中状态，单击"下画线"按钮右侧的下三角按钮。

❷ 在弹出的下拉列表框中单击"下画线颜色"选项。

❸ 在弹出的级联列表框中选择下画线的颜色。

9.1.5 设置字符间距

为了让办公文档的版面更加协调，有时还需要设置字符间距。字符间距是指各字符间的距离，通过调整字符间距可使文字排列得更紧凑或者更疏散。设置字符间距的具体操作步骤如下。

第1步：打开"字体"对话框

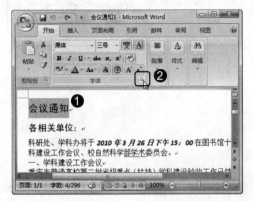

❶ 在 Word 文档中，选中要设置字符间距的文本。

❷ 在"开始"选项卡的"字体"组中单击"功能扩展"按钮。

第2步：设置字符间距

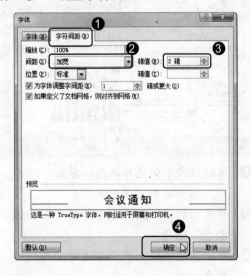

❶ 弹出"字体"对话框后切换到"字符间距"选项卡。

❷ 在"间距"下拉列表框中选择间距类型，如"加宽"。

❸ 在右侧的"磅值"微调框中设置间距大小。

❹ 设置完成后，单击"确定"按钮。

第3步：查看效果

> **会 议 通 知**
>
> 各相关单位：
> 科研处、学科办将于 *2010 年 3 月 26 日下午 15：00* 在图书馆
> 科建设工作会议、校自然科学部学术委员会。
> 一、学科建设工作会议
> 重庆市普通高校第二批省级重点（扶持）学科建设验收工作已
> 作会议将通报重庆市教育厅关于第二批省级重点(扶持)学科建
> 并部署下一阶段学科建设工作任务。
> 二、校自然科学部学术委员会
> 学科建设工作会议结束后，随即召开校自然科学部学术委员会

返回文档，可查看设置后的效果。

 在"字体"对话框的"字体"选项卡中，不仅可以对选中的文本设置字体、字号和字体颜色等基本格式，还可设置阴影、空心等效果。此外，通过"字体"对话框对文本设置格式时，可以在"预览"框中预览效果。

9.1.6 知识扩展——改变文字方向

文字方向是指文档中文本的排列方向，默认的方向为水平，如果要更改为其他方向，可按下面的操作步骤实现。

第1步：设置文字方向

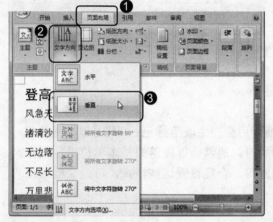

❶ 在要设置文字方向的文档中，切换到"页面布局"选项卡。

❷ 单击"页面设置"组中的"文字方向"按钮。

❸ 在弹出的下拉列表框中选择需要的文字方向，如"垂直"。

第2步：查看效果

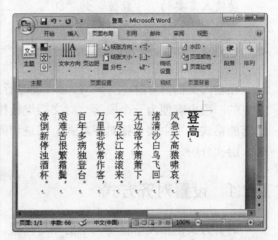

当前文档中的文字即可呈垂直方向进行显示。

9.1.7 疑难解答——海报中的特大号字是怎样设置的

对文本设置字号时，其"字号"下拉列表框中的字号为八号到初号或5磅到72磅，这对于一般的办公人员来说已经足够了。但在一些特殊情况下，如打印海报、标语或大横幅时需要更大的字号，"字号"下拉列表框中提供的字号就无法满足需求了，此时可按下面的操作步骤设置特大字号。

第1步：输入字号数值

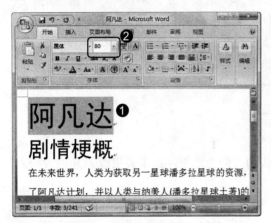

❶ 选中需要设置特大字号的文本。

❷ 在"字体"组的"字号"文本框中手动输入需要的字号数值，如"80"。

❸ 按下"Enter"键进行确认。

第2步：查看效果

输入的字号即可应用到选文本。

9.2 设置段落格式

在输入文档内容时，按下"Enter"键进行换行后会产生段落标记↵，凡是以段落标记↵结束的一段内容便为一个段落。对文档进行排版时，通常会以段落为基本单位进行操作。段落的格式设置主要包括对齐方式、缩进和间距等，合理设置这些格式，可使文档结构清晰、层次分明。

9.2.1 设置对齐方式

对齐方式是指段落在文档中的相对位置，段落的对齐方式有左对齐、居中、右对齐、两端对齐和分散对齐5种，其效果如下图所示。

从表面上看，"左对齐"与"两端对齐"两种对齐方式没有什么区别，但当行尾输入较长的英文单词而被迫换行时，若使用"左对齐"方式，文字会按照不满页宽的方式进行排列；若使用"两端对齐"方式，文字的距离将被拉开，从而自动填满页面。

默认情况下，段落的对齐方式为两端对齐，若要更改其他对齐方式，可通过以下两种方式实现。

❖ 在"开始"选项卡的"段落"组中提供了 5 种对齐方式的按钮▉▉▉▉▉，选中段落后单击某个按钮，可实现相应的对齐方式。

❖ 选中段落后单击"段落"组中的"功能扩展"按钮，弹出"段落"对话框，在"常规"栏的"对齐方式"下拉列表框中选择需要的对齐方式，然后单击"确定"按钮即可。

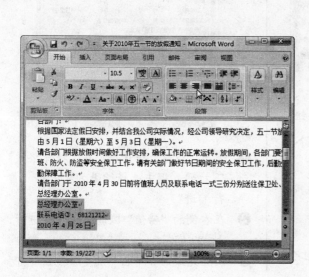
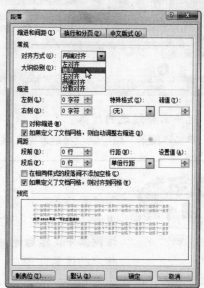

9.2.2 设置段落缩进

为了增强文档的层次感，提高可阅读性，可对段落设置合适的缩进。段落的缩进方式有左缩进、右缩进、首行缩进和悬挂缩进 4 种。

❖ 左缩进：指整个段落左边界距离页面左侧的缩进量。

❖ 右缩进：指整个段落右边界距离页面右侧的缩进量。

❖ 首行缩进：指段落首行第 1 个字符的起始位置距离页面左侧的缩进量。大多文档都是采用的首行缩进方式，缩进量为两个字符。

❖ 悬挂缩进：指段落中除首行以外的其他行距离页面左侧的缩进量。悬挂缩进方式一般用于一些较特殊的场合，如杂志、报刊等。

设置段落缩进的具体操作步骤如下。

171

第1步：选中段落

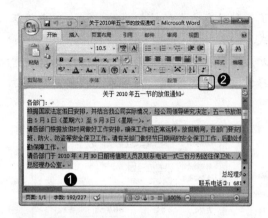

❶ 选中需要缩进的段落。
❷ 单击"段落"组中的"功能扩展"按钮。

如果只对某一个段落设置格式，只需将光标插入点定位在该段落中，然后进行相应的设置即可。

第2步：设置首行缩进

❶ 弹出"段落"对话框，在"特殊格式"下拉列表框中选择缩进方式，如"首行缩进"。
❷ 在右侧的"磅值"微调框设置缩进量，如"2字符"。
❸ 设置完成后，单击"确定"按钮即可。

9.2.3 设置间距与行距

为了使整个文档看起来疏密有致，可对段落设置合适的间距或行距。间距是指相邻两个段落之间的距离，行距是指段落中行与行之间的距离。对段落设置间距与行距的具体操作步骤如下。

第1步：选择段落

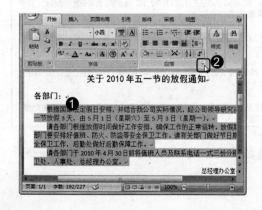

❶ 选中需要设置间距与行距的段落。
❷ 单击"段落"组中的"功能扩展"按钮。

第2步：设置间距与行距

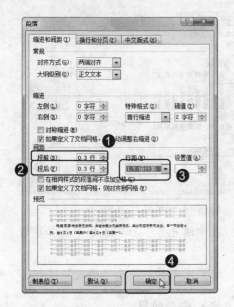

在"行距"下拉列表框中选择某些选项（如"多倍行距"）时，还可调整右侧"设置值"微调框中的值。

❶ 弹出"段落"对话框，在"间距"栏的"段前"微调框中，可设置当前段落与上一段之间的距离。

❷ 在"段后"微调框中，设置当前段落与下一段之间的距离。

❸ 在"行距"下拉列表框中可选择段落的行间距离大小。

❹ 设置完成后，单击"确定"按钮。

第3步：查看效果

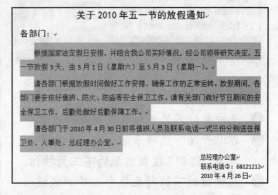

返回文档，可查看设置后的效果。

选中要设置行距的段落后，然后单击"段落"组中的"行距"按钮，在弹出的下拉列表中也可选择行距的大小。

9.2.4　设置边框与底纹

在制作邀请函、备忘录之类的文档时，为了能突出显示重点内容，可对重点段落设置边框和底纹效果，具体操作步骤如下。

第1步：选择"边框和底纹"选项

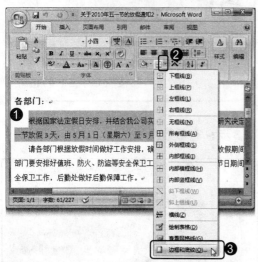

❶ 选中要设置边框和底纹效果的段落。

❷ 在"开始"选项卡的"段落"组中，单击"边框"按钮右侧的下三角按钮。

❸ 在弹出的下拉列表框中选择"边框和底纹"选项。

第2步：设置边框效果

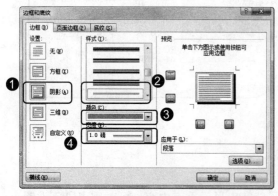

❶ 弹出"边框和底纹"对话框，在"设置"栏中选中边框类型。

❷ 在"样式"列表框中选择边框样式。

❸ 在"颜色"下拉列表框中选择边框颜色。

❹ 在"宽度"下拉列表框中选择边框宽度。

第3步：设置底纹效果

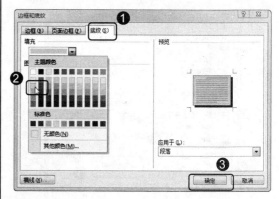

❶ 切换到"底纹"选项卡。

❷ 在"填充"下拉列表框中选择底纹颜色。

❸ 设置完成后，单击"确定"按钮。

第4步：查看效果

关于 2010 年五一节的放假通知

各部门：

根据国家法定假日安排，并结合我公司实际情况，经公司领导研究决定，五一节放假 3 天，由 5 月 1 日（星期六）至 5 月 3 日（星期一）。

请各部门根据放假时间做好工作安排，确保工作的正常运转。放假期间，各部门要安排好值班、防火、防盗等安全保卫工作。请有关部门做好节日期间的安全保卫工作，后勤处做好后勤保障工作。

请各部门于 2010 年 4 月 30 日前将值班人员及联系电话一式三份分别送往保卫处、人事处、总经理办公室。

总经理办公室

联系电话①：68121212

2010 年 4 月 26 日

返回文档，即可查看设置边框和底纹后的效果。

在"边框和底纹"对话框中设置好边框和底纹效果后，若在"应用于"下拉列表框中选择"文字"选项，则所设置的效果将应用于文本。

9.2.5 知识扩展——格式刷的使用

格式刷是一种快速应用格式的工具，能够将某文本对象的格式复制到另一个对象上，从而避免重复设置格式的麻烦。当需要对文档中的文本或段落设置相同格式时，便可通过格式刷复制格式，具体操作步骤如下。

第1步：单击"格式刷"按钮

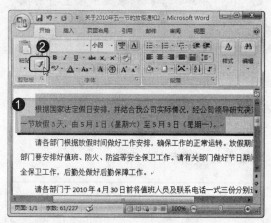

❶ 选中需要复制的格式所属文本。

❷ 单击"剪贴板"组中的"格式刷"按钮。

第2步：复制格式

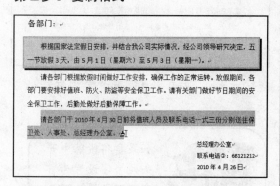

此时鼠标指针呈刷子形状，按住鼠标左键不放，然后拖动鼠标选择需要设置相同格式的文本。

第3步：查看效果

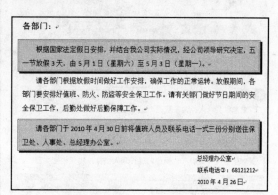

设置完成后释放鼠标，被拖动的文本即可应用第1步中所选文本的格式。

当需要把一种格式复制到多个文本对象时，就需要连续使用格式刷，此时可双击"格式刷"按钮，使鼠标指针一直呈刷子状态。当不再需要复制格式时，可再次单击"格式刷"按钮或按下"Esc"键退出复制格式状态。

9.2.6　知识扩展——设置首字下沉

首字下沉是一种段落修饰，是将段落中的第一个字或开头几个字设置不同的字体、字号，该类格式在报刊、杂志中比较常见。设置首字下沉的具体操作步骤如下。

第1步：选择"首字下沉选项"选项

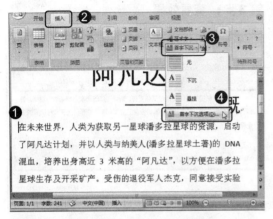

❶ 将光标插入点定位到需要设置首字下沉的段落。

❷ 切换到"插入"选项卡。

❸ 单击"文本"组中的"首字下沉"按钮。

❹ 在弹出的下拉列表框中选择"首字下沉选项"选项。

第2步：设置首字下沉

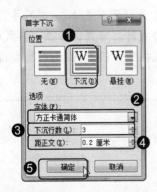

❶ 弹出"首字下沉"对话框，在"位置"栏中选择"下沉"选项。

❷ 在"字体"下拉列表框中设置当前段落首字的字体。

❸ 在"下沉行数"微调框中设置首字下沉的行数。

❹ 在"距正文"微调框中设置首字与正文之间的距离。

❺ 设置完成后，单击"确定"按钮。

第3步：设置后的效果

阿凡达
——剧情梗概

在　未来世界，人类为获取另一星球潘多拉星球的资源，启动了阿凡达计划，并以人类与纳美人(潘多拉星球土著)的 DNA 混血，培养出身高近 3 米高的"阿凡达"，以方便在潘多拉星球生存及开采矿产。受伤的退役军人杰克，同意接受实验并以他的阿凡达来到天堂般的潘多拉星球。然而，在这唯美幽境里，地上爬的、天上飞的、土里钻的生物却只只巨大且致命。杰克背负重任，身处险境中，在与纳美人首次意外接触后，虽然开启了沟通的可能性，却也即将面临一场意想不到、浩瀚壮烈的世纪冲

返回文档，即可查看设置首字下沉后的效果。

如果要将段落中开头几个字设置为首字下沉效果，可先将其选中，再按照上述操作步骤进行设置即可。

176

9.2.7 疑难解答——怎样让英文在单词中间换行

在编辑文档的过程中，经常会输入一段英文字母（如下载地址等），当前行不能完全显示时会自动跳转到下一行，而当前行中文字的间距就会很宽，从而影响了文档的美观。针对这样的情况，可通过设置让英文在单词中间进行换行。

第1步：选中段落

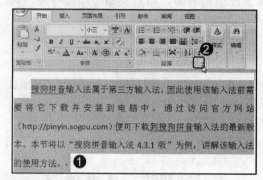

❶ 选中需要设置的段落。
❷ 单击"段落"组中的"功能扩展"按钮。

第2步：勾选复选框

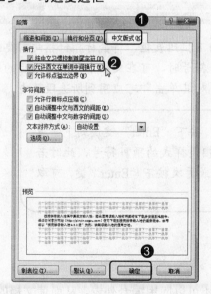

❶ 弹出"段落"对话框，切换到"中文版式"选项卡。
❷ 在"换行"选项组中勾选"允许西文在单词中间换行"复选框。
❸ 单击"确定"按钮。

第3步：设置后的效果

搜狗拼音输入法属于第三方输入法，因此使用该输入法前需要将它下载并安装到电脑中，通过访问官方网站（http://pinyin.sogou.com）便可下载到搜狗拼音输入法的最新版本。本节将以"搜狗拼音输入法4.3.1版"为例，讲解该输入法的使用方法。

在返回的文档中可看见英文自动在单词中间断开后的效果。

在"段落"对话框中，若切换到"换行和分页"选项卡，可通过一些设置来控制段落中的错误分页。例如，勾选"孤行控制"复选框，可以控制孤行的产生，即当某段的第一行出现在上一页的页尾时，会自动将该行放到下一页。

177

9.3 项目符号与编号的应用

为了更加清晰地显示文本之间的结构与关系，用户可在文档中的各个要点前添加项目符号或编号，以增加文档的条理性。

9.3.1 添加项目符号

如果文档中有一些具有并列关系的内容，为了使条例清晰，可对其添加项目符号，具体操作步骤如下。

第1步：选中段落

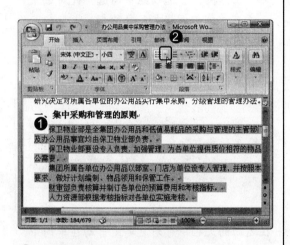

❶ 选择添加项目符号的段落。

❷ 在"段落"选中，单击"项目符号"按钮右侧的下三角按钮。

第2步：添加项目符号

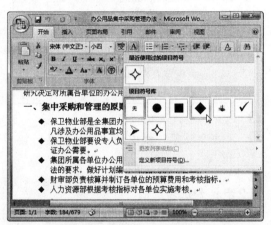

弹出下拉列表框，将鼠标指针指向需要的项目符号时，可在文档中预览应用后的效果，对其单击即可应用到所选段落中。

在含有项目符号的段落中，按下"Enter"键换到下一段时，会在下一段自动添加相同样式的项目符号，此时若直接按下"Back Space"键或再次按下"Enter"键，可取消自动添加项目符号。

9.3.2 添加编号

对段落进行优化设置时，除了使用项目符号，还可以应用编号列表，从而使文档的层次结构更加清晰。与项目符号不同的是，编号列表不仅可以用于并列关系的段落，还可以用于顺序关系的段落。

默认情况下，在以"A．"、"一、"或"1．"等编号开始的段落中，按下"Enter"键换到下一段时，下一段会自动产生连续的编号。

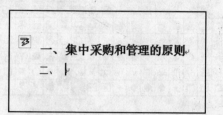

在刚出现下一个编号时，按下"Ctrl+Z"组合键或再次按下"Enter"键，可取消自动产生的编号。

若要对已经输入好的段落添加编号，可按下面的操作步骤实现。

第1步：选择段落

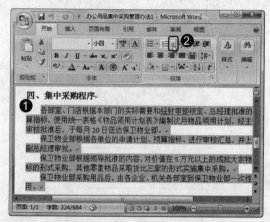

❶ 选中需要添加项目符号的段落。

❷ 在"段落"组中单击"编号"按钮右侧的下三角按钮。

第2步：添加编号

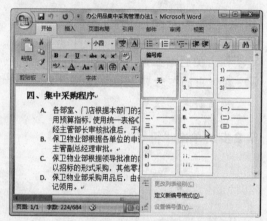

在弹出的下拉列表框中，将鼠标指针指向需要的编号样式时，可在文档中预览应用后的效果，对其单击即可应用到所选段落中。

9.3.3　知识扩展——添加自定义样式的项目符号

在为段落添加项目符号时，除了使用下拉列表框中的内置样式外，还可自定义项目符号样式，具体操作步骤如下。

第1步：选择"定义新项目符号"选项

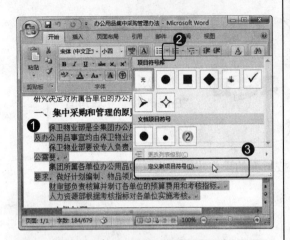

❶ 选择需要添加项目符号的段落。

❷ 在"段落"组中单击"项目符号"按钮右侧的下三角按钮。

❸ 在弹出的下拉列表框中选择"定义新项目符号"选项。

第2步：单击"符号"按钮

弹出"定义新项目符号"对话框，单击"符号"按钮。

"定义新项目符号"对话框中，若单击"图片"按钮，可定义为项目

第3步：选择符号

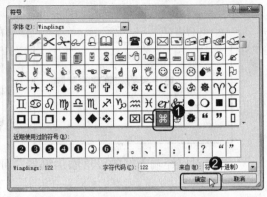

❶ 在弹出的"符号"对话框中选择需要的符号。

❷ 单击"确定"按钮。

第4步：单击"确定"按钮

返回"定义新项目符号"对话框，在"预览"栏中可预览设置后的效果，若确认当前效果，则单击"确定"按钮。

第5步：应用项目符号

❶ 返回文档，再次单击"项目符号"按钮右侧的下三角按钮。

❷ 在弹出的下拉列表框中单击之前设置的项目符号样式，将该样式应用所选段落。

在本操作中，所选段落设置了缩进格式，因此使用自定义样式的项目符号时，需要进行第5步操作。

9.3.4 知识扩展——添加自定义样式的编号

对段落添加编号列表时，也可以自定义编号样式。下面以设置"第1条、第2条…"类的编号列表为例，讲解具体操作步骤。

第1步：选择"定义新编号格式"选项

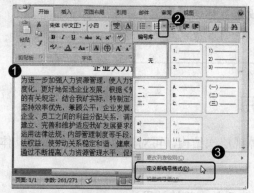

❶ 选择需要添加编号的段落。

❷ 单击"编号"按钮右侧的下三角按钮。

❸ 在弹出的下拉列表框中选择"定义新编号格式"选项。

第2步：选择编号样式

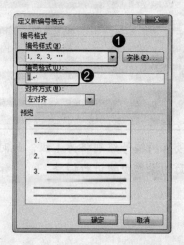

❶ 弹出"定义新编号格式"对话框，在"编号样式"下拉列表框中选择编号样式，本例选择"1,2,3…"。

❷ 此时，"编号格式"文本框中将出现"1."字样，且"1"以灰色显示，表示不可修改或删除。

第3步：定义编号样式

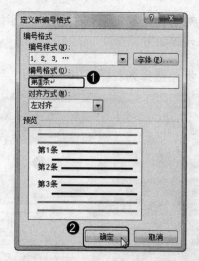

❶ 在"1"前面键入"第"，将"1"后面的"."修改为"条"。

❷ 设置完成后，单击"确定"按钮。

第4步： 应用编号列表

企业人力资源管理制度

第1条　为进一步加强人力资源管理，使人力资源管理工作逐步达到科学化、规范化、制度化，更好地促进企业发展，根据《劳动法》《公司法》《企业法》等法律法规的有关规定，结合我矿实际，特制定本制度。

第2条　坚持效率优先，兼顾公平；企业发展，文秘资源网 员工富裕的原则，正确处理企业、员工之间的利益分配关系，调动各方面的工作积极性。

第3条　建立、完善和维护适应我矿发展要求的充满生机与活力的人力资源管理制度。

第4条　运用法律法规、内部管理制度等手段，调整好劳动关系，保护劳动主体双方的合法权益，使劳动关系稳定和谐、健康。

第5条　通过不断提高人力资源管理水平，促进我矿发展。

返回文档，可看见所选段落应用了刚才自定义的编号样式。

高手提个醒 添加自定义样式的编号列表后，文本内容不是很整齐，此时可打开"段落"对话框，调整一下悬挂缩进的缩进量（1.3 厘米～1.5 厘米均可）。

9.3.5　知识扩展——多级列表的使用

对于含有多个层次的段落，为了能清晰地体现层次结构，可对其添加多级列表，具体操作步骤如下。

第1步： 选择列表样式

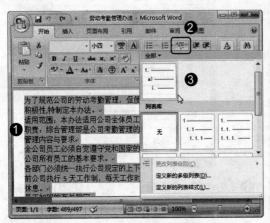

❶ 选中需要添加多级列表的段落。

❷ 单击"段落"组中的"多级列表"按钮。

❸ 在弹出的下拉列表框中选择需要的列表样式。

第2步： 初始效果

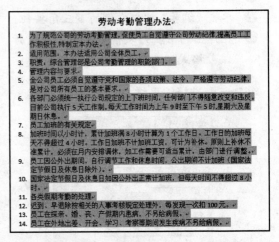

所有段落的编号级别将为 1 级，此时需要按下面的操作步骤进行调整。

第3步： 单击"多级列表"按钮

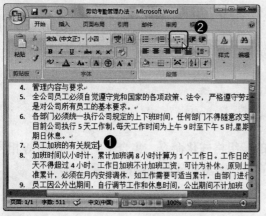

❶ 将光标插入点定位在应是 2 级列表编号的段落中。

❷ 单击"多级列表"按钮。

第4步： 调整级别

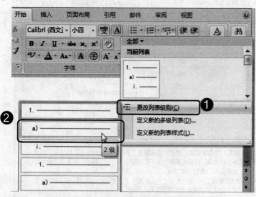

❶ 在弹出的下拉列表框中选择"更改列表级别"选项。

❷ 在弹出的级联列表中选择"2 级"选项。

第5步： 调整后的效果

> **劳动考勤管理办法**
> 1. 为了规范公司的劳动考勤管理，促使员工自觉遵守公司劳动纪律，提高员工工作积极性，特制定本办法。
> 2. 适用范围：本办法适用公司全体员工。
> 3. 职责：综合管理部是公司考勤管理的职能部门。
> 4. 管理内容与要求。
> 5. 全公司员工必须自觉遵守党和国家的各项政策、法令，严格遵守劳动纪律，是对公司所有员工的基本要求。
> 6. 各部门必须统一执行公司规定的上下班时间，任何部门不得随意改变和违反。目前公司执行 5 天工作制，每天工作时间为上午 9 时到下午 5 时，星期六及星期日休息。
>   a) 员工加班的有关规定。
> 7. 加班时间以小时计，累计加班满 8 小时计算为 1 个工作日。工作日的加班每天不得超过 4 小时。工作日加班不计加班工资，可计为补休。原则上补休不准累计，必须在月内安排调休，如工作需要可适当累计，由部门进行调整。

此时，该段落的编号级别将调整为"2 级"。

第6步： 调整 3 级列表编号的段落

> **劳动考勤管理办法**
> 1. 为了规范公司的劳动考勤管理，促使员工自觉遵守公司劳动纪律，提高员工工作积极性，特制定本办法。
> 2. 适用范围：本办法适用公司全体员工。
> 3. 职责：综合管理部是公司考勤管理的职能部门。
> 4. 管理内容与要求。
> 5. 全公司员工必须自觉遵守党和国家的各项政策、法令，严格遵守劳动纪律，是对公司所有员工的基本要求。
> 6. 各部门必须统一执行公司规定的上下班时间，任何部门不得随意改变和违反。目前公司执行 5 天工作制，每天工作时间为上午 9 时到下午 5 时，星期六及星期日休息。
>   a) 员工加班的有关规定。
>   i. 加班时间以小时计，累计加班满 8 小时计算为 1 个工作日。工作日的加班每天不得超过 4 小时。工作日加班不计加班工资，可计为补休。原则上补休不准累计，必须在月内安排调休，如工作需要可适当累计，由部门进行调整。
> 7. 员工因公外出期间，自行调节工作和休息时间，公出期间不计加班（国家法定节假日及休息日除外）。

按照第 3~4 步的操作方法，对本应是 3 级列表编号的段落进行调整。

第7步： 最终效果

> **劳动考勤管理办法**
> 1. 为了规范公司的劳动考勤管理，促使员工自觉遵守公司劳动纪律，提高员工工作积极性，特制定本办法。
> 2. 适用范围：本办法适用公司全体员工。
> 3. 职责：综合管理部是公司考勤管理的职能部门。
> 4. 管理内容与要求。
>   a) 全公司员工必须自觉遵守党和国家的各项政策、法令，严格遵守劳动纪律，是对公司所有员工的基本要求。
>   b) 各部门必须统一执行公司规定的上下班时间，任何部门不得随意改变和违反。目前公司执行 5 天工作制，每天工作时间为上午 9 时到下午 5 时，星期六及星期日休息。
>   c) 员工加班的有关规定。
>   i. 加班时间以小时计，累计加班满 8 小时计算为 1 个工作日。工作日的加班每天不得超过 4 小时。工作日加班不计加班工资，可计为补休。原则上补休不准累计，必须在月内安排调休，如工作需要可适当累计，由部门进行调整。
>   ii. 员工因公外出期间，自行调节工作和休息时间，公出期间不计加班（国家法定节假日及休息日除外）。
>   iii. 国家法定节假日及休息日如因公外出正常计加班，但每天时间不得超过 8 小时。
>   d) 各类假期考勤的处理。
>   i. 迟到、早退除按相关的人事考核规定处理外，每发现一次扣 100 元。
>   ii. 员工在探亲、婚、丧、产假期内患病，不另给病假。
>   iii. 员工在外地出差、开会、学习、考察等期间发生疾病不另给病假。

按照上述操作步骤，对其他段落调整正确的级别即可。

在需要调整列表级别的段落中，将光标插入点定位在编号与文本之间，按下"Tab"键可降低一个列表级别，按下"Shift+Tab"组合键可提升一个列表级别。

9.4 运用样式高效排版

在编辑大型的文档或要求具有统一格式风格的文档时，需要对多个段落重复设置相同的文本格式，这时可通过样式来重复应用格式，以减少工作量。

9.4.1 应用样式

样式是指存储在 Word 之中的段落或字符的一组格式化命令，集合了字体、段落等相关格式。运用样式可快速为文本对象设置统一的格式，从而提高文档的排版效率。

1. 样式库的使用

Word 2007 提供了多套样式集，每套样式集都设计了成套的样式，分别用于设置文章标题、副标题等文本的格式。在"开始"选项卡的"样式"组中单击"更改样式"按钮，在弹出的下拉列表框中选择"样式集"选项，在弹出的级联列表中可选择需要的样式集。

在"开始"选项卡的"样式"组的样式库中可看到当前正在使用的样式集，通过单击列表框中的▲或▼按钮，可向上或向下滚动查看包含的样式。若单击下三角按钮▼，可在弹出的下拉列表框中查看所有样式。若要运用样式库中的样式来格式化文本，需要先选中要应用样式的某段文本，然后在样式库中单击需要的样式即可。

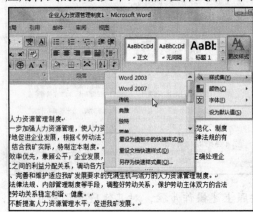
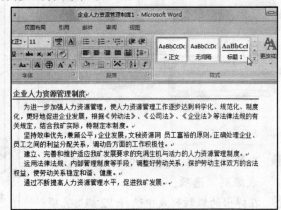

在样式库中，将鼠标指针指向需要的样式时，可在文档中预览应用后的效果。

2. "样式"窗格的使用

使用样式格式化文本时，除了使用样式库之外，还可使用"样式"窗格，具体操作步骤如下。

第1步： 应用样式

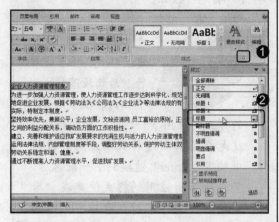

❶ 单击"样式"组中的"功能扩展"按钮。

❷ 打开"样式"窗格后选中需要应用样式的段落。

❸ 在"样式"窗格中选择需要的样式。

第2步： 查看效果

所选样式即可应用到当前段落。

在"样式"窗格中，若勾选"显示预览"复选框，窗格中的样式名称会显示相对应样式的预览效果，从而方便格式化文档时快速选择需要的样式。

9.4.2　新建样式

要制作一篇有特色的 Word 文档，还可以自己创建和设计样式，具体操作步骤如下。

第1步： 单击"新建样式"按钮

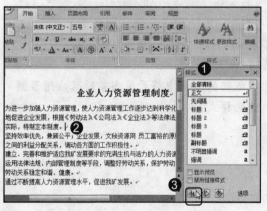

❶ 打开"样式"窗格。

❷ 将光标插入点定位在需要应用样式的段落。

❸ 单击"新建样式"按钮。

第2步： 设置样式参数

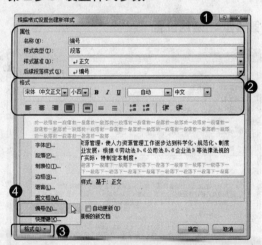

❶ 弹出"根据格式设置创建新样式"对话框，在"属性"栏中设置样式的名称、样式类型等参数。

❷ 在"格式"栏中为新建样式设置字体、字号等格式。

❸ 若需要更为详细的格式设置，可单击左下角的"格式"按钮。

❹ 在弹出的菜单中进行相应的设置。例如要设置编号格式，可选择"编号"命令。

第3步：设置编号格式

❶ 在弹出的"编号和项目符号"对话框中设置相应的编号格式。

❷ 设置完成后，单击"确定"按钮。

第4步：确认设置

返回"根据格式设置创建新样式"对话框，单击"确定"按钮。

在"根据格式设置创建新样式"对话框中的"后续段落样式"下拉列表框中选择的样式将应用下一段落，换句话说，就是在当前新建样式所应用的段落中按下"Enter"键换到下一段落后，下一段落所应用的样式便是在"后续段落样式"下拉列表框中选择的样式。

第5步：查看效果

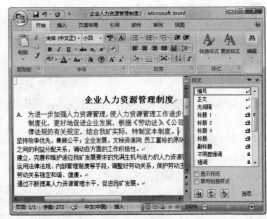

在返回的文档中将看见当前段落应用了新建的样式。

186

9.4.3　样式的修改与删除

若样式的某些格式设置不合理，可根据需要进行修改。修改样式后，所有应用了该样式的文本都会发生相应的格式变化，提高了排版效率。此外，对于多余的样式，也可以将其删除掉，以便更好地应用样式。

在"样式"窗格中，将鼠标指针指向需要修改或删除的样式，该样式右侧即可出现下三角按钮，对其单击，在弹出的下拉菜单中选择"修改"命令，在弹出的"修改样式"对话框中按照新建样式的方法进行设置，便可实现样式的修改；若在下拉菜单中选择"删除……"命令，便可删除该样式。

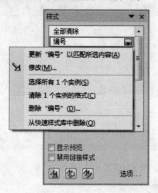

在"样式"窗格中，若单击"选项"链接，在弹出的"样式窗格选项"对话框中可对样式设置显示方式及排序方式。

9.4.4　知识扩展——为样式指定快捷键

对于一些使用频率较高的样式，可以对其设置快捷键，从而加快文档的编辑速度。为样式指定快捷键的具体操作步骤如下。

第1步：选择"修改"命令

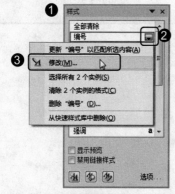

❶ 打开"样式"窗格。

❷ 单击某样式右侧的下三角按钮。

❸ 在弹出的下拉菜单中选择"修改"命令。

第2步：选择"快捷键"命令

187

❶ 在弹出的"修改样式"对话框中单击"格式"按钮。

❷ 在弹出的菜单中选择"快捷键"命令。

第3步：指定快捷键

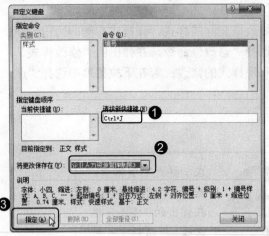

❶ 弹出"自定义键盘"对话框，光标自动定位到"请按新快捷键"文本框中，在键盘上按下需要的快捷键，如"Ctrl+J"，该快捷键即可显示在文本框中。

❷ 在"将更改保存在"下拉列表框中选择保存位置。

❸ 单击"指定"按钮。

第4步：关闭对话框

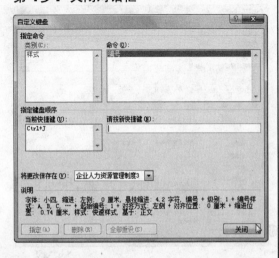

对样式指定快捷键后，该快捷键将移动到"当前快捷键"列表框中，单击"关闭"按钮关闭该对话框。

第5步：单击"确定"按钮

返回"修改样式"对话框，单击"确定"按钮即可。

通过上述设置后，选中某段落，然后按下"Ctrl+J"组合键，所选段落即可应用与该快捷键相对应的样式。

9.4.5　疑难解答——样式也能选择文本吗

对文档应用样式后，可以快速选定应用同一样式的所有文本，具体操作方法为：在"样式"窗格中，单击某样式右侧的下三角按钮，在弹出的下拉菜单中选择"选择所有 n 个实例"命令即可，其中，"n"表示当前文档中应用该样式的实例个数。

在下拉菜单中若选择"清除 n 个实例的格式"命令，可快速清除应用当前样式的所有文本的格式，并还原为默认格式。

9.5　典型实例——编辑"公司规章制度"文档

本节将结合设置文本格式、设置段落格式、项目符号和编号的应用等相关知识点，练习制作一篇"公司规章制度"文档，具体操作步骤如下

第1步：设置字体

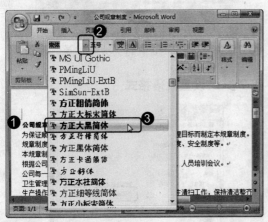

❶ 打开"公司规章制度"文档，选中"公司规章制度"标题文本。

❷ 在"开始"选项卡的"字体"组中，单击"字体"文本框右侧的下三角按钮。

❸ 在弹出的下拉列表框中选择需要的字

体，这里选择"方正大黑简体"。

第2步：设置字号

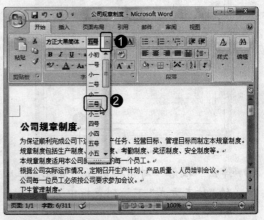

❶ 保持标题文本的选中状态，单击"字号"文本框右侧的下三角按钮。

❷ 在弹出的下拉列表框中选择需要的字号，这里选择"三号"。

第3步：单击"功能扩展"按钮

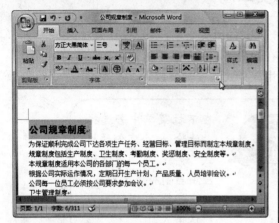

保持标题文本的选中状态，单击"段落"组中的"功能扩展"按钮。

第4步：设置段落格式

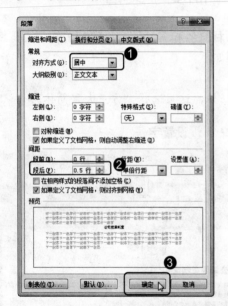

❶ 弹出"段落"对话框，在"常规"栏的"对齐方式"下拉列表框中选择"居中"选项。

❷ 在"间距"栏中，将"段后"微调框中的值设置为"0.5 行"。

❸ 单击"确定"按钮。

第5步：设置后面内容的格式

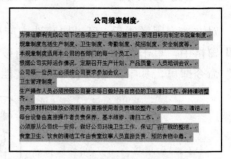

参照第 1～4 步的操作方法，将后面所有内容的字体设置为"宋体"，字号设置为"小四"，间距设置为"段后：0.3 行"。

第6步：单击"功能扩展"按钮

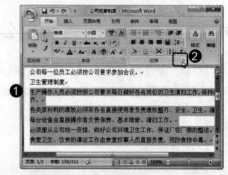

❶ 选中第 7～11 段文本。

❷ 单击"段落"组中的"功能扩展"按钮。

第7步：设置段落格式

❶ 弹出"段落"对话框，在"缩进"栏中将缩进设置为"首行缩进：2字符"。

❷ 单击"确定"按钮 。

第8步：设置编号

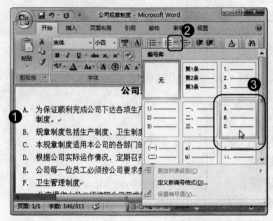

❶ 返回文档，选中第1～6段文本。

❷ 在"段落"组中单击"编号"按钮右侧的下三角按钮。

❸ 在弹出的下拉列表框中选择需要的编号。

第9步：设置项目符号

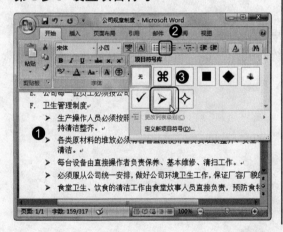

❶ 选中第7～11段文本。

❷ 在"段落"组中单击"项目符号"按钮右侧的下三角按钮。

❸ 在弹出的下拉列表框中选择需要的项目符号。

第10步：最终效果

公司规章制度

A. 为保证顺利完成公司下达各项生产任务、经营目标、管理目标而制定本规章制度。
B. 规章制度包括生产制度、卫生制度、考勤制度、奖惩制度、安全制度等。
C. 本规章制度适用本公司的各部门的每一个员工。
D. 根据公司实际运作情况，定期召开生产计划、产品质量、人员培训会议。
E. 公司每一位员工必须按公司要求参加会议。
F. 卫生管理制度。
  ➢ 生产操作人员必须按照公司要求每日做好各自岗位的卫生清扫工作，保持清洁整齐。
  ➢ 各类原材料的堆放必须有各自直接使用者负责堆放整齐、安全、卫生、清洁。
  ➢ 每台设备由直接操作者负责保养、基本维修、清扫工作。
  ➢ 必须服从公司统一安排，做好公司环境卫生工作，保证厂容厂貌的整洁。
  ➢ 食堂卫生、饮食的清洁工作由食堂炊事人员直接负责，预防食物中毒。

至此，完成了"公司规章制度"文档的编辑。

本例中"公司规章制度"的内容只能作为参考内容，用户在制作"公司规章制度"的过程中需要自己完善。此外，参照上述操作步骤，还可制作类似的文档，如员工守则、财务管理制度等。

9.6 课后练习

选择题

1. 选中文本后，按下（　）组合键可设置加粗效果。
   - A. Ctrl+B
   - B. Ctrl+I
   - C. Ctrl+J
   - D. Ctrl+L

2. 通过功能区设置字体的字号时，下拉列表框中可选择的最大字号的磅值为（　）。
   - A. 初号
   - B. 八号
   - C. 72 磅
   - D. 5 磅

3. 为段落设置合适的缩进，可增强文档的层次感。其中，首行缩进是指（　）。
   - A. 整个段落左边界距离页面左侧的缩进量。
   - B. 整个段落右边界距离页面右侧的缩进量。
   - C. 段落首行第 1 个字符的起始位置距离页面左侧的缩进量。
   - D. 段落中除首行以外的其他行距离页面左侧的缩进量。

简答题

1. 如何对广告宣传中的标题文本设置特大号字？
2. 怎样对重要内容设置边框和底纹？
3. 样式有何作用？怎样运用样式格式化文本？

实践操作题

1. 运用设置文本、段落格式等相关知识点，练习制作一篇"会议要求"文档。
2. 运用项目符号、编号及样式等知识，练习制作一篇"员工守则"文档。

第 10 章   实现图文混排

本章讲些什么

❖   在 Word 中编辑表格。

❖   编辑图形与艺术字。

❖   编辑剪贴画与图片。

❖   页面布局。

❖   典型实例——编辑"公司宣传"文档。

月月：老师，我编辑了一篇关于产品宣传的文档，可是无论设置怎样的格式，都觉得不太完美，您有什么好的建议吗？

老师：月月，你不妨试试在文档中插入产品图片或者其他图形，或许会有你想要的效果。

月月：好的，谢谢老师！

10.1　在 Word 文档中编辑表格

当需要处理一些简单的数据信息时，如简历表、通讯录、考勤表和课程表等，可在 Word 中通过插入表格的方式来完成。

10.1.1　插入表格

Word 2007 为表格提供了多种创建方法，灵活运用这些方法，可快速在文档中创建符合需求的表格。在 Word 2007 文档中插入表格的方法为：切换到"插入"选项卡，然后单击"表格"组中的"表格"按钮，在弹出的下拉列表框中单击相应的选项，即可通过不同的方法在文档中插入表格。

❖ "插入表格"栏：该栏下提供了一个 10 列 8 行的虚拟表格，移动鼠标可选择表格的行列值。例如将鼠标指针指向坐标为 5 列、4 行的单元格，鼠标前的区域将呈选中状态，并显示为橙色，此时单击鼠标左键，即可在文档中插入一个 5 列 4 行的表格。

❖ "插入表格"选项：选择该选项，可在弹出的"插入表格"对话框中任意设置表格的行数和列数，还可根据实际情况调整表格的列宽。

❖ "绘制表格"选项：选择该选项，鼠标指针呈笔状／，此时可根据需要"画"出表格。

❖ "Excel 电子表格"选项：选择该选项，可在 Word 文档中调用 Excel 电子表格。

❖ "快速表格"选项：选择该选项，可快速在文档中插入特定类型的表格，如表格式列表、日历等。

10.1.2　选择操作区域

❖ 选择单元格：将鼠标指针指向某个单元格的左侧，待指针呈黑色箭头↗时，单击鼠标左键可选中该单元格。

❖ 选择连续的单元格：将鼠标指针指向某个单元格的左侧，当指针呈黑色箭头↗时按住鼠标左键并拖动，拖动的起始位置到终止位置之间的单元格将被选中。

❖ 选择分散的单元格：选中第一个要选择的单元格后按住"Ctrl"键不放，然后依次选择其他分散的单元格即可。

❖ 选择行：将鼠标指针指向某行的左侧，待指针呈白色箭头↗时，单击鼠标左键可选中该行。

❖ 选择列：将鼠标指针指向某列的上边，待指针呈黑色箭头↓时，单击鼠标左键可选中该列。

❖ 选择整个表格：将鼠标指针指向表格时，表格的左上角会出现 ✚ 标志，右下角会出现 ◻ 标志，单击任意一个标志，都可选中整个表格。

除此之外，还可通过功能区选择操作对象，方法为：将光标插入点定位在某个单元格内，切换到"表格工具/布局"选项卡，然后单击"表"组中的"选择"按钮，在弹出的下拉列表框中选择某个选项可实现相应的选择操作。

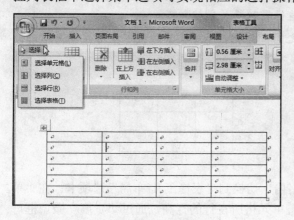

在选择连续的单元格时，还可配合"Shift"键的使用，方法为：选中需要选择的起始单元格，按下"Shift"键不放，然后单击终止位置的单元格即可。

10.1.3 输入表格内容

如果要在表格中输入文本内容，先将光标插入点定位在相应的单元格，然后输入需要的内容即可。在表格中输入内容的操作步骤如下。

第1步：定位并输入内容

考核项目		

将光标插入点定位在第一行的第一个单元格内，然后输入相应的内容。

第2步：输入其他单元格内容

考核项目	考核内容	考核得分
领导能力	率先示范，受部属信赖	
计划性	能以长期的展望拟定计划	
先见性	能预测未来，拟定对策	
果断力	能当机立断	
执行力	朝着目标断然地执行	
交涉力	关于公司内外的交涉	
责任感	有强烈的责任感，可信赖	
利益感	对利益有敏锐的感觉	
数字概念	有数字概念	
国际意识	有国际意识、眼光广阔	
自我启发	经常努力地自我启发、革新	
人缘	受部属、同事尊敬、敬爱	
协调性	与其他部门的协调联系密切	
创造力	能将创造力应用于工作	
情报力	对情报很敏锐，且有卓越的收集力	
评价		

按照此方法，在其他单元格内输入相应的内容即可。

10.1.4 表格的基本操作

插入表格后，功能区中将显示"表格工具/设计"和"表格工具/布局"两个选项卡，通过这两个选项卡，可对表格进行相应的编辑和美化操作，如调整行高与列宽、合并与拆分单元格，以及设置表格边框和底纹等。

1. 调整行高与列宽

创建表格后，可通过下面的方法来调整行高与列宽。

❖ 调整行高：将鼠标指针指向行与行之间，待指针呈÷状时，按下鼠标左键并拖动，表格中将出现虚线，待虚线到达合适位置时释放鼠标即可。

❖ 调整列宽：将鼠标指针指向列与列之间，待指针呈✛状时，按下鼠标左键并拖动，当出现的虚线到达合适位置时释放鼠标即可。

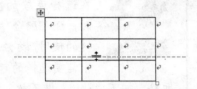
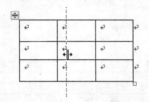

此外，将光标插入点定位到某个单元格内，切换到"表格工具/布局"选项卡，在"单元格大小"组中通过"高度"微调框可调整单元格所在行的行高，通过"宽度"微调框可调整单元格所在列的列宽。

在"单元格大小"组中，若单击"分布行"按钮（"分布列"按钮），表格中所有行（列）的行（列）高（宽）将自动进行平均分布。

2. 插入与删除单元格

当表格范围无法满足数据的录入时，可根据实际情况插入行或列，方法为：将光标插入点定位在某个单元格内，切换到"表格工具/布局"选项卡，然后单击"行和列"组中的某个按钮，可实现相应的操作。

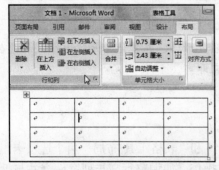

将光标插入点定位在某行最后一个单元格的外边，按下"Enter"键可快速在该行的下方添加一行。

❖ "在上方插入"按钮：单击该按钮，可在当前单元格所在行的上方插入一行。

❖ "在下方插入"按钮：单击该按钮，可在当前单元格所在行的下方插入一行。

❖ "在左侧插入"按钮：单击该按钮，可在当前单元格所在列的左侧插入一列。

❖ "在右侧插入"按钮：单击该按钮，可在当前单元格所在列的右侧插入一列。

有时为了使表格更加整洁、美观，可将多余的行或列删除掉，方法为：将光标插入点定位在某个单元格内，切换到"表格工具/布局"选项卡，然后单击"行和列"组中的"删除"按钮，在弹出的下拉列表框中选择某个选项可执行相应的操作。

❖ "删除单元格"选项：选择该选项，可在弹出的"删除单元格"对话框中进行选择性操作。

❖ "删除列"选项：选择该选项，可删除当前单元格所在的整列。

❖ "删除行"选项：选择该选项，可删除当前单元格所在的整行。

❖ "删除表格"选项：选择该选项，可删除整个表格。

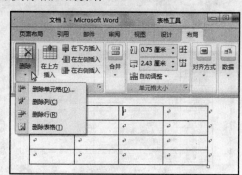

3. 合并与拆分单元格

在"表格工具/布局"选项卡中，通过"合并"组中的"合并单元格"或"拆分单元格"按钮，可对单元格进行合并或拆分操作。

❖ 合并单元格：选中需要合并的多个单元格，然后单击"合并单元格"按钮即可。

❖ 拆分单元格：选中需要拆分的某个单元格，单击"拆分单元格"按钮，在弹出的"拆分单元格"对话框中设置拆分的行列数，然后单击"确定"按钮即可。

4. 设置文本对齐方式

单元格中的文字有靠上两端对齐、靠上居中对齐等 9 种对齐方式。选中需要设置文本对齐方式的单元格，切换到"表格工具/布局"选项卡，然后单击"对齐方式"组中的某个按钮可实现相应的对齐方式。

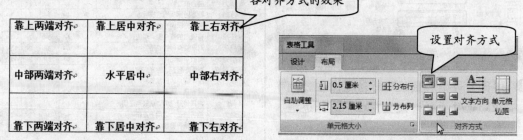

5. 设置边框与底纹

在 Word 中制作表格后，为了使表格更加美观，还可对其设置边框或底纹效果，具体操作步骤如下。

第1步：选择"边框和底纹"选项

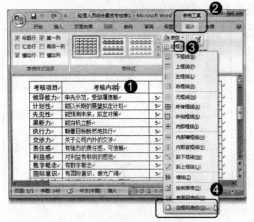

❶ 将光标插入点定位在表格内。

❷ 切换到"表格工具/设计"选项卡。

❸ 在"表样式"组中单击"边框"按钮右侧的下三角按钮。

❹ 在弹出的下拉列表框中选择"边框和底纹"选项。

第2步：设置边框

❶ 弹出"边框和底纹"对话框，在"边框"选项卡的"设置"栏中选择边框类型。

❷ 在"样式"列表框中选择边框样式。

❸ 在"颜色"下拉列表框中选择边框颜色。

❹ 在"宽度"下拉列表框中选中边框宽度。

❺ 设置完成后单击"确定"按钮。

第3步：设置底纹

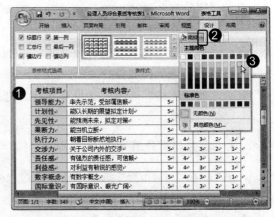

❶ 返回文档，选中要设置底纹的单元格。

❷ 在"表样式"组中单击"底纹"按钮右侧的下三角按钮。

❸ 在弹出的下拉列表框中选择需要的底纹颜色。

第4步：最终效果

考核项目	考核内容	考核得分				
领导能力	率先示范，受部属信赖	5	4	3	2	1
计划性	能以长期的展望拟定计划	5	4	3	2	1
先见性	能预测未来，拟定对策	5	4	3	2	1
果断力	能当机立断	5	4	3	2	1
执行力	朝着目标断然地执行	5	4	3	2	1
交涉力	关于公司内外的交涉	5	4	3	2	1
责任感	有强烈的责任感，可信赖	5	4	3	2	1
利益感	对利益有敏锐的感觉	5	4	3	2	1
数字概念	有数字概念	5	4	3	2	1
国际意识	有国际意识、眼光广阔	5	4	3	2	1
自我启发	经常努力地自我启发、革新	5	4	3	2	1
人缘	受部属、同事爱戴、敬爱	5	4	3	2	1
协调性	与其他部门的协调联系密切	5	4	3	2	1
创造力	能将创造力应用于工作	5	4	3	2	1
情报力	对情报很敏锐，且有卓越的收集力	5	4	3	2	1
评价						

至此，完成了边框与底纹的设置。

10.1.5　知识扩展——计算表格中的数据

在 Word 中创建表格后，有时需要对表格中的数据进行计算。此时，可利用函数对数据进行求和、求平均值等运算。下面以对数据进行求和运算为例，介绍在表格中计算数据的方法。

第1步：单击"公式"按钮

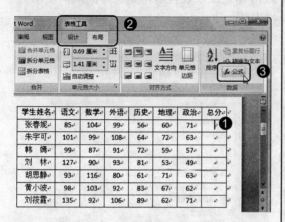

❶ 将光标插入点定位在要显示运算结果的单元格。

❷ 切换到"表格工具/布局"选项卡。

❸ 单击"数据"组中的"公式"按钮。

第2步：输入公式

❶ 弹出"公式"对话框，在"公式"文本框中输入公式，本例输入"=SUM(B2:G2)"。

❷ 单击"确定"按钮。

第3步：得出结果

学生姓名	语文	数学	外语	历史	地理	政治	总分
张春妮	85	104	99	56	60	71	475
朱宇可	101	99	108	64	72	63	
韩 嫣	99	87	91	72	59	57	
刘 林	127	90	93	81	53	49	
胡思静	93	116	80	61	71	63	
黄小波	98	103	92	83	67	62	
刘筱霞	135	92	106	89	62	71	

返回文档，当前单元格将显示出运算结果。

第4步：计算其他单元格的数据

学生姓名	语文	数学	外语	历史	地理	政治	总分
张春妮	85	104	99	56	60	71	475
朱宇可	101	99	108	64	72	63	507
韩 嫣	99	87	91	72	59	57	465
刘 林	127	90	93	81	53	49	493
胡思静	93	116	80	61	71	63	484
黄小波	98	103	92	83	67	62	505
刘筱霞	135	92	106	89	62	71	555

参照上述操作步骤，对其他单元格进行求和运算即可。

Word 对单元格的命名规则与 Excel 一样，列以"A、B、C……"命名，行以"1、2、3……"命名，而 Word 也是以该方式命名的，如第 2 行、第 3 列的单元格命名为 C2，第 3 行、第 1 列的单元格命名为 A3，以此类推。

10.1.6　知识扩展——表格与文本相互转换

表格只是一种形式，是对文字或数据实行的一种规范化处理。因此，表格和文本之间可以相互转换。

1.　将文字转换成表格

每项内容之间以逗号（英文状态下输入）、段落标记或制表位等特定符号间隔的文字为规范化文字，这类文字可以转换成表格，其操作步骤如下。

第1步：选择"文本转换成表格"选项

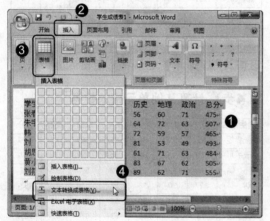

❶ 选中要转换为表格的文字。

❷ 切换到"插入"选项卡。

❸ 单击"表格"组中的"表格"按钮。

❹ 在弹出的下拉列表框中选择"文本转换成表格"选项。

在下拉列表框中若选择"插入表格"选项，可快速将所选文本转换成表格。

第2步：单击"确定"按钮

弹出"将文字转换成表格"对话框，保持默认设置不变，直接单击"确定"按钮。

第3步：查看效果

学生姓名	语文	数学	外语	历史	地理	政治	总分
张春妮	85	104	99	56	60	71	475
朱宇可	101	99	108	64	72	63	507
韩　嬿	99	87	91	72	59	57	465
刘　林	127	90	93	81	53	49	493
胡思静	93	116	80	61	71	63	484
黄小波	98	103	92	83	67	62	505
刘筱霞	135	92	106	89	62	71	555

返回文档，可看到所选文字转换成了表格。

2.　将表格转换成文本

若要将表格转换为文本，可先选中要转换为文本的表格，切换到"表格工具/布局"选项卡，然后单击"数据"组中的"转换为文本"按钮，在弹出的"表格转换成文本"对话框中选择文本的分隔符，然后单击"确定"按钮即可。

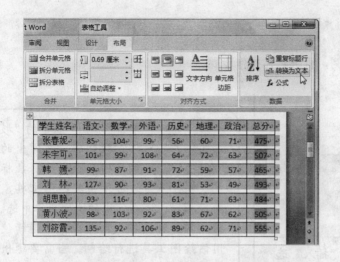

10.1.7 疑难解答——怎样灵活调整表格大小

在调整表格大小时，绝大用户都会通过拖动鼠标的方式来调整行高或列宽，但这种方法会影响相邻单元格的行高或列宽。例如，调整某个单元格的列宽时，就会影响其右侧单元格的列宽，针对这样的情况，我们可以利用"Ctrl"键和"Shift"键来灵活调整表格大小。

下面以调整列宽为例，讲解这两个键的使用方法。

❖ 按住"Ctrl"键后调整列宽：效果为在不改变整体表格宽度的情况下，调整当前列宽。当前列以后的其他各列依次向后进行压缩，但表格的右边线是不变的，除非当前列以后的各列已经压缩至极限。

❖ 按住"Shift"键调整列宽：效果为当前列宽发生变化但其他各列宽度不变，表格整体宽度会因此增加或减少。

❖ 按住"Ctrl+Shift"组合键调整列宽：效果为在不改变表格宽的情况下，调整当前列宽，并将当前列之后的所有列宽调整为相同。但如果当前列之后的其他列的列宽往表格尾部压缩到极限时，表格会向右延。

10.2 编辑图形与艺术字

为了使文档内容更加丰富，可在其中插入自选图形、艺术字等对象进行点缀，接下来就讲解这些对象的插入方法及相应的编辑操作。

10.2.1 绘制与编辑自选图形

通过 Word 2007 提供的绘制图形功能，叫在义档中"画"山各种样式的形状，如线条、矩形、笑脸和十字箭头等。

1. 绘制自选图形

下面以插入五角星图形为例，讲解具体操作步骤。

第1步：单击"形状"按钮

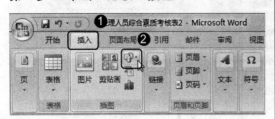

❶ 打开 Word 文档后切换到"插入"选项卡。

❷ 单击"插图"组中的"形状"按钮。

第2步：选择绘图工具

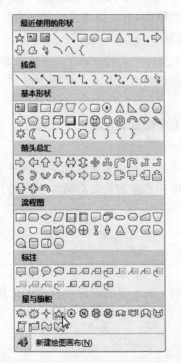

在弹出的下拉列表框中选择需要的绘图工具，本例中选择"星与旗帜"栏中的"五角星"。

单击"插图"组中的"形状"按钮后，在弹出的下拉列表框中使用鼠标右键单击某绘图工具，在弹出的快捷菜单中选择"锁定绘图模式"命令，可连续使用该绘图工具进行绘制。当需要退出绘图模式时，按下"Esc"键即可。

第3步：绘制图形

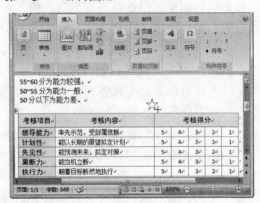

此时鼠标指针呈十字状十，在需要插入自选图形的位置按住鼠标左键不放，然后拖动鼠标进行绘制，当绘制到合适大小时释放鼠标即可。

在绘制图形的过程中，配合"Shift"键的使用可绘制出特殊图形。例如绘制"椭圆"图形时，同时按住"Shift"键不放，可绘制出一个圆形。

2. 编辑自选图形

插入自选图形后，功能区中将显示"绘图工具/格式"选项卡，通过该选项卡，可对选中的自选图形设置大小、样式及填充颜色等格式。

下面练习对插入的自选图形进行编辑，具体操作步骤如下。

第1步：设置填充色

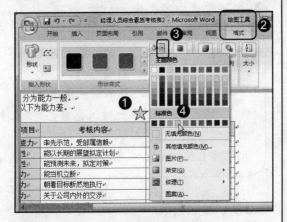

❶ 选中要进行编辑的自选图形。

❷ 切换到"绘图工具/格式"选项卡。

❸ 在"形状样式"组中单击"形状填充"按钮右侧的下三角按钮。

❹ 在弹出的下拉列表框中可选择自选图形的填充颜色。

选中某些自选图形（如"禁止符"）后，会出现黄色控制点◇，对其拖动可改变图形外观。

第2步：设置轮廓色

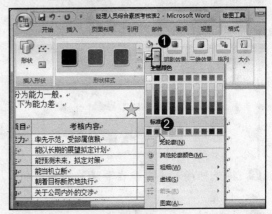

❶ 保持该自选图形的选中状态，在"形状样式"组中单击"形状轮廓"按钮右侧的下拉按钮。

❷ 在弹出的下拉列表框中可选择轮廓颜色。

选中某个自选图形后，在"插入形状"组中单击"添加文字"按钮，可将其转换为文本框，此时可在其中输入内容。

203

10.2.2　插入与编辑艺术字

艺术字是具有特殊效果的文字，用来输入和编辑带有彩色、阴影、扭曲、旋转和拉伸等效果的文字，多用于广告标题，以达到强烈、醒目的外观效果。

1.　插入艺术字

在文档中插入艺术字的具体操作步骤如下。

第1步：选择艺术字样式

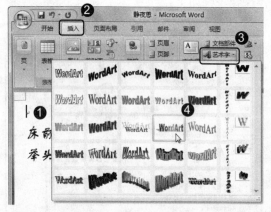

❶ 将光标插入点定位在要插入艺术字的位置。

❷ 切换到"插入"选项卡。

❸ 单击"文本"组中的"艺术字"按钮。

❹ 在弹出的下拉列表框中选择艺术字样式。

第2步：设置艺术字内容

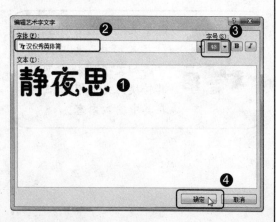

❶ 弹出"编辑艺术字文字"对话框，在"文本"文本框中输入艺术字内容。

❷ 在"字体"下拉列表框中选择字体。

❸ 在"字号"下拉列表框中选择字号。

❹ 设置完成后，单击"确定"按钮。

 弹出"编辑艺术字文字"对话框后，"文本"文本框中将显示"在此键入您自己的内容"提示语，默认为选中状态，此时可直接输入艺术字内容。

第3步：查看效果

返回文档，即可看到光标插入点处已插入了艺术字。

 选中文字后再执行插入艺术字操作步骤，可快速将它们转换为艺术字。

2. 编辑艺术字

插入艺术字后，功能区中将显示"艺术字工具/格式"选项卡，通过该选项卡，可对选中的艺术字设置样式、阴影效果、三维效果及环绕方式等格式。

下面练习对插入的艺术字进行编辑，具体操作步骤如下。

第1步：设置轮廓颜色	第2步：设置艺术字形状
	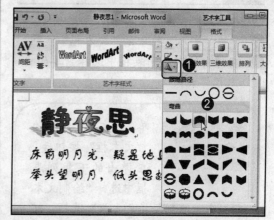

❶ 选中要编辑的艺术字。

❷ 切换到"艺术字工具/格式"选项卡。

❸ 在"艺术字样式"组中单击"形状轮廓"按钮右侧的下三角按钮。

❹ 在弹出的下拉列表框中可设置艺术字的轮廓颜色。

❶ 保持艺术字的选中状态，单击"艺术字样式"组中的"更改艺术字形状"按钮。

❷ 在弹出的下拉列表框中可设置艺术字的形状。

10.2.3 插入与编辑文本框

若要在文档的任意位置插入文本，可通过文本框实现。通常情况下，文本框用于在图形或图片上插入注释、批注或说明性文字。

1. 插入文本框

在文档插入文本框的具体操作步骤如下。

第1步：选择文本框样式

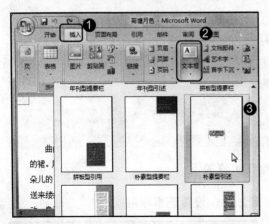

❶ 打开文档后切换到"插入"选项卡。

❷ 单击"文本"组中的"文本框"按钮。

❸ 在弹出的下拉列表框中选择需要的文本框样式。

单击"文本"组中的"文本框"按钮后，在弹出的下拉列表框中选择"绘制文本框"或"绘制竖排文本框"选项，可手动绘制文本框。

第2步：插入的文本框

插入文本框后，文本框内的"键入文档的引述……更改重要引述文本框的格式"字样的提示文字为占位符。

第3步：输入文本框内容

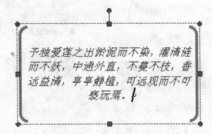

默认情况下，占位符为选中状态，此时可直接输入文本内容。

2．编辑文本框

插入文本框后，功能区中将显示"文本框工具/格式"选项卡，通过该选项卡，可对选中的文本框设置样式、环绕方式等格式。

下面练习对插入的文本框进行编辑，具体操作步骤如下。

第1步：调整文本框大小

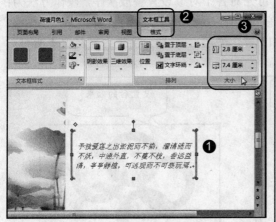

❶ 选中需要进行编辑的文本框。

❷ 切换到"文本框工具/格式"选项卡。

❸ 在"大小"组中调整文本框的大小。

 选中文本框中的内容后，可通过"开始"选项卡的"字体"组设置文本格式。

第2步：设置环绕方式

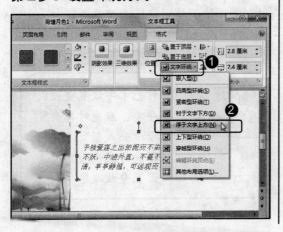

❶ 保持文本框的选中状态，单击"排列"组中的"文字环绕"按钮。

❷ 在弹出的下拉列表框中可设置文本框的环绕方式。

第3步：调整位置

对文本框设置"嵌入型"以外的环绕方式后，可根据操作需要拖动文本框，以便调整至合适的位置。

 选中文本框后，其四周会出现控制点，将鼠标指针指向某个控制点，待指针变为双向箭头时，拖动鼠标也可以调整文本框的大小。

10.2.4　疑难解答——怎样将多个对象组合成一个整体

通过 Word 提供的叠放次序与组合功能，可将自选图形、艺术字等多个对象进行组合。将多个对象组合在一起后会形成一个新的操作对象，对其进行移动、调整大小等操作时，不会改变各对象的相对位置、大小等。

为了组合成不同的效果，在进行组合前，可先对各个对象设置叠放次序，操作方法为：使用鼠标右键单击要设置叠放次序的对象，在弹出的快捷菜单中选择"叠放次序"命令，在弹出的子菜单中选择需要的排放方式，例如"置于底层"，此时，所选对象将置于所有对象的下方。

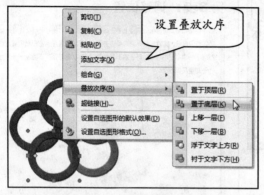

在"叠放次序"菜单中提供了 6 种叠放方式，其作用如下。

❖ 置于顶层：将选中的对象放在所有对象的上方。

❖ 置于底层：将选中的对象放在所有对象的下方。

❖ 上移一层：将选中的对象上移一层。

❖ 下移一层：将选中的对象下移一层。

❖ 浮于文字上方：将选中的对象置于文档中文字的上方。

❖ 衬于文字下方：将选中的对象置于文档中文字的下方。

将自选图形、艺术字等对象的叠放次序设置好后，便可将它们组合成一个整体，其方法为：按住"Ctrl"键不放，依次单击需要组合的对象，然后使用鼠标右键单击其中一个对象，在弹出的快捷菜单中依次选择"组合"→"组合"命令即可。

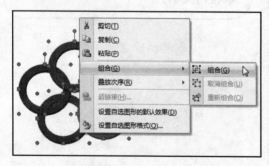

对艺术字设置叠放次序前，应先对其设置除"嵌入型"以外的环绕方式，否则无法设置叠放次序。

10.3　编辑剪贴画与图片

在制作公司宣传册、产品说明书等之类的文档时，在其中插入漂亮的图片，可以给阅读者带来强烈的视觉冲击。

10.3.1　插入剪贴画

Word 2007 中自带了一个剪贴画库，主要包括人物、花草和建筑等多种类型，用户可直接将其中的图片插入到文档中，具体操作步骤如下。

第1步：搜索剪贴画

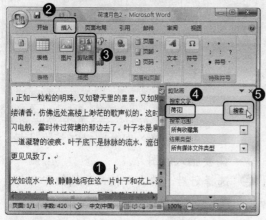

❶ 将光标插入点定位到需要插入剪贴画的位置。

❷ 切换到"插入"选项卡。

❸ 单击"插图"组中的"剪贴画"按钮。

❹ 打开"剪贴画"窗格，在"搜索文字"文本框中输入剪贴画类型。

❺ 单击"搜索"按钮进行搜索。

在"剪贴画"窗格中，若单击"管理剪辑"链接，可在打开的"Microsoft 剪辑管理器"窗口中选择剪贴画；若单击"Office 网上剪辑"链接，可在网上搜索需要的剪贴画。

第2步：插入剪贴画

稍等片刻，将在列表框中显示搜索到的剪贴画，选择需要插入的剪贴画，即可将其插入到文档中。

首次搜索剪贴画时，通常会弹出提示对话框询问搜索时是否希望包含来自 Microsoft Office Online 的剪贴画和照片，一般建议单击"是"按钮。

10.3.2　插入电脑中的图片

如果要将电脑中收藏的图片插入到文档中来，可按下面的操作步骤实现。

第1步： 单击"图片"按钮

❶ 将光标插入点定位在需要插入图片的
位置。

❷ 切换到"插入"选项卡。

❸ 单击"插图"组中的"图片"按钮。

第2步： 选择图片

❶ 在弹出的"插入图片"对话框中选择
需要插入的图片。

❷ 选择好后，单击"插入"按钮即可。

10.3.3 编辑图片

插入剪贴画和图片之后，功能区中将显示"图片工具/格式"选项卡，通过该选项卡，
可对选中的剪贴画或图片调整颜色亮度、颜色对比度、图片样式和环绕方式等。

下面练习对插入的图片进行编辑，具体操作步骤如下。

第1步： 调整图片的大小

❶ 选中要进行编辑的图片，。

❷ 切换到"图片工具/格式"选项卡。

❸ 在"大小"组中调整图片的大小。

210

第2步：设置图片形状

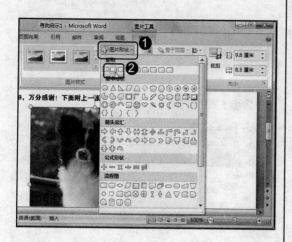

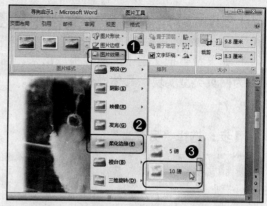

❶ 保持图片的选中状态，单击"图片样式"组中的"图片形状"按钮。

❷ 在弹出的下拉列表框中可设置图片的形状。

第3步：设置图片效果

❶ 保持图片的选中状态，单击"图片样式"组中的"图片效果"按钮。

❷ 在弹出的下拉列表框中可设置图片的效果，如"柔化边缘"。

❸ 在弹出的级联列表中选择柔化值即可。

> 对图片进行大小调整、效果设置等一系列操作后，单击"调整"组中的"重设图片"按钮，可使图片快速恢复到原始状态。

10.3.4 知识扩展——更改图片的默认环绕方式

默认情况下，插入的图片都是"嵌入型"环绕方式，若希望插入图片时使用惯用的环绕方式，可以更改默认环绕方式，操作方法为：打开"Word 选项"对话框，切换到"高级"选项卡，在"剪切、复制和粘贴"选项组的"将图片插入/粘贴为"下拉列表框中选择惯用的环绕方式，如"四周型"，然后单击"确定"按钮即可。

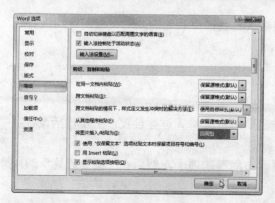

> 通过该设置后，此后插入的图片都会以"四周型"环绕方式显示在文档中。

10.3.5 疑难解答——文档中的图片能"抠"出来吗

如果希望把文档中的图片提取出来，同时又不想图片质量有太大的变化，可将文档另存为网页类型实现，具体操作步骤如下。

第1步：选择"另存为"命令

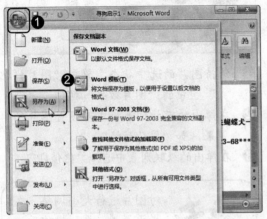

❶ 在需要提取图片的文档中单击"Office"按钮。

❷ 在弹出的"Office"菜单中选择"另存为"命令。

第2步：设置保存参数

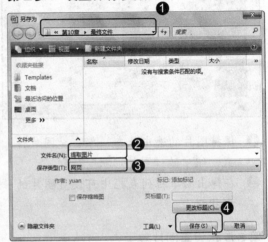

❶ 在弹出"另存为"对话框中设置好存储路径。

❷ 在"文件名"文本框中输入文件名。

❸ 在"保存类型"下拉列表框中选择"网页"选项。

❹ 设置完成后，单击"保存"按钮即可。

通过上述操作后，Word 会自动把文档中的所有图片提取出来，并另存文件名加上".files"的文件夹下。

10.4 页面布局

一篇高质量的文档不仅要求文字和段落的格式适当，而且还需要对文档的布局进行相应的设置，如页面设置、设置页眉与页脚等。

10.4.1 页面设置

将 Word 文档制作好后，用户可根据操作需要对页面格式进行设置，主要包括设置页边距、纸张方向和纸张大小等。

在要进行页面设置的文档中，切换到"页面布局"选项卡，然后在"页面设置"组中通过单击相应的按钮进行设置即可。

如果要对文档的页面进行详细设置,可单击"页面设置"组中的"功能扩展"按钮,在弹出的"页面设置"对话框中进行设置。

❖ 页边距:是指文档内容与页面边缘之间的距离,用于控制页面中文档内容的宽度和长度。单击"页边距"按钮,可在弹出的下拉列表框中选择页边距大小。

❖ 纸张方向:默认情况下,纸张的方向为"纵向"。若要更改其方向,可单击"纸张方向"按钮,在弹出的下拉列表框中进行选择。

❖ 纸张大小:默认情况下,纸张的大小为"A4"。若要更改其大小,可单击"纸张大小"按钮,在弹出的下拉列表框中进行选择。

10.4.2 设置页面颜色与边框

对文档进行美化时,除了对文本和段落设置格式,或者在文档中插入图形图像等对象外,还可对文档设置页面颜色及边框。

1. 设置页面颜色

页面颜色是指文档背景的颜色,用于渲染文档。设置页面颜色的方法为:在要设置页面颜色的文档中,切换到"页面布局"选项卡,然后单击"页面背景"组中的"页面颜色"按钮,在弹出的下拉列表框中将鼠标指针指向某颜色时,文档中将显示应用后的预览效果,对它单击即可将其应用到文档中。

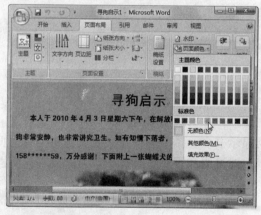

对文档设置页面颜色时,若在下拉列表框中选择"填充效果"选项,可在弹出的"填充效果"对话框中对页面背景设置渐变、纹理或图片等填充效果。

2. 设置页面边框

如果要对文档设置页面边框,可按下面的操作步骤实现。

第1步：单击"页面边框"按钮

❶ 在要设置页面边框的文档中，切换到"页面布局"选项卡。

❷ 单击"页面背景"组中的"页面边框"按钮。

第2步：设置页面边框

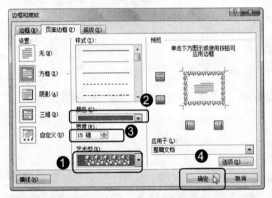

❶ 弹出"边框和底纹"对话框，在"页面边框"选项卡中设置边框类型及样式，这里在"艺术型"下拉列表框中进行选择。

❷ 在"颜色"下拉列表框中设置边框颜色。

❸ 在"宽度"微调框中设置边框宽度。

❹ 设置完成后，单击"确定"按钮。

第3步：设置后的效果

在返回的文档中即可查看设置页面边框后的效果。

对文档设置艺术型的页面边框时，若选择的是彩色样式的边框，则无法对其设置颜色。

10.4.3 设置页眉与页脚

页眉是每个页面页边距的顶部区域，通常显示书名、章节等信息。页脚是每个页面页边距的底部区域，通常显示文档的页码等信息。对页眉和页脚进行编辑，可起到美化文档的作用。

1. 插入页眉页脚

插入页眉（页脚）后，文档每页的页面顶端（底端）将显示相同的内容。例如在页眉中输入书名"五笔打字与 Word 排版"后，每页的页面顶端都会显示该书名。再如在页脚中插入了公司徽标，每页的页面底端都将显示该徽标。插入页眉、页脚的操作步骤如下。

第1步：插入页眉

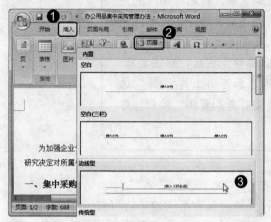

❶ 切换到"插入"选项卡。

❷ 单击"页眉和页脚"组中的"页眉"
   按钮。

❸ 在弹出的下拉列表框中选择页眉样
   式。

第2步：输入页眉内容

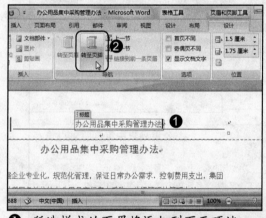

❶ 所选样式的页眉将添加到页面顶端，
   同时文档自动进入到页眉编辑区，单
   击占位符可输入页眉内容。

❷ 页眉内容编辑完成后，在"页眉和页
   脚工具/设计"选项卡的"导航"组中
   单击"转至页脚"按钮，可快速转至
   当前页的页脚。

直接双击页眉/页脚
处，可直接插入空
白样式的页眉/页
脚，并进入页眉/页
脚编辑状态。

第3步：更改页脚样式

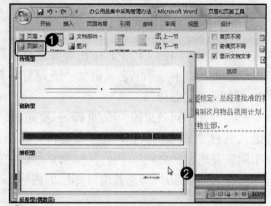

❶ 此时，页脚为空白样式，如果要更改
   其样式，可在"页眉和页脚"组中单
   击"页脚"按钮。

❷ 在弹出的下拉列表框中选择需要的
   样式。

第4步：输入页脚内容

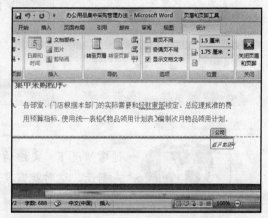

确定页脚样式后，单击占位符可输入页脚
内容。

 插入页眉（页脚）后，将光标插入点定位在某页的页眉（页脚），在段落标记处也可输入页眉（页脚）内容。将页眉/页脚的内容编辑完成后，双击文档编辑区的任意位置，或在"页眉和页脚工具/设计"选项卡的"关闭"组中单击"关闭页眉和页脚"按钮，可退出页眉/页脚编辑状态。

2. 设置奇偶页不同

在双面打印的文档中，往往需要对奇数页和偶数页设置不同效果的页眉/页脚，比如要在偶数页页眉中显示书名（例如"五笔打字与 Word 排版"），在奇数页页眉显示章名（例如"实现图文混排"）。

要设置不同效果的页眉/页脚，只要进行一个简单的设置就可以了。双击页眉/页脚位置，进入页眉/页脚编辑状态，在"页眉和页脚工具/设计"选项卡的"选项"组中勾选"奇偶页不同"复选框，页眉/页脚的左侧会显示相关提示信息，此时可分别对奇数页与偶数页插入不同样式的页眉/页脚，并编辑相应的内容。

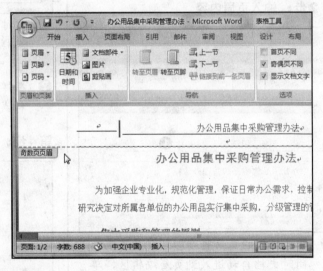

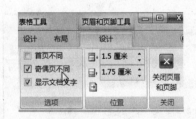

 通常情况下，文档的首页不会输入正文内容，而是作为扉页或封面，这时就需要勾选"选项"组中的"首页不同"复选框，从而单独对首页设置页眉和页脚。

10.4.4 设置页码

如果一篇文档含有很多页，为了打印后便于排列和阅读，应对文档添加页码。在使用 Word 提供的页眉/页脚样式中，部分样式提供了添加页码的功能，即插入某些样式的页眉/页脚后，会自动添加页码。若使用的样式没有自动添加页码，就需要手动添加，方法为：切换到"插入"选项卡，单击"页眉和页脚"组中的"页码"按钮，在弹出的下拉列表框中选择页码位置，如"页边距"，在弹出的级联列表中选择需要的页码样式即可。

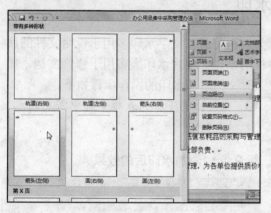

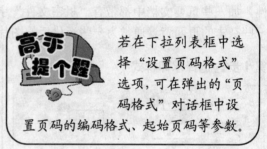

高手提个醒　若在下拉列表框中选择"设置页码格式"选项，可在弹出的"页码格式"对话框中设置页码的编码格式、起始页码等参数。

10.4.5 知识扩展——对文档进行分栏排版

有时为了提高阅读兴趣、创建不同风格的文档或节约纸张，可进行分栏排版，具体操作步骤如下。

第1步：选择分栏方式

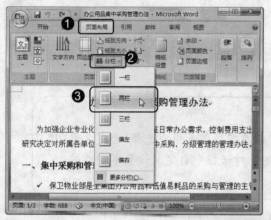

❶ 在要进行分栏排版的文档中，切换到"页面布局"选项卡。

❷ 单击"页面设置"组中的"分栏"按钮。

❸ 在弹出的下拉列表框中选择需要的分栏方式，这里选择"两栏"。

第2步：分栏后的效果

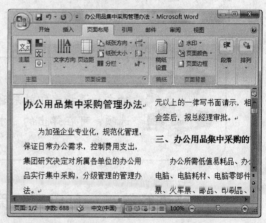

当前文档将以两栏的方式进行排版。

如果希望对部分文本进行分栏排版，可先将它们选中，再进行分栏设置。此外，在进行分栏排版时，若在下拉列表框中选择"更多分栏"选项，可在弹出的"分栏"对话框进行其他参数设置。

10.4.6　知识扩展——为文档添加水印

水印是指将文本或图片以水印的方式设置为页面背景。文字水印多用于说明文件的属性，如一些重要文档中都带有"机密文件"字样的水印。图片水印大多用于修饰文档，如一些杂志的页面背景通常为一些淡化后的图片。对文档添加水印的操作步骤如下。

第1步：选择水印样式

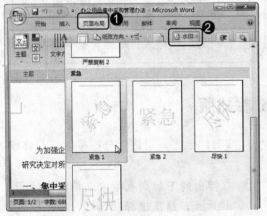

❶ 在要添加水印的文档中，切换到"页面布局"选项卡。

❷ 单击"页面背景"组中的"水印"按钮。

❸ 在弹出的下拉列表框中选中需要的水印样式。

第2步：添加水印后的效果

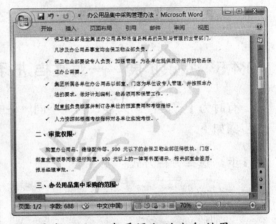

返回文档，即可查看添加的水印效果。

对文档添加水印效果时，若在下拉列表框中选择"自定义水印"选项，可在弹出的"水印"对话框中自定义设置水印效果。

10.4.7　疑难解答——可以删除页眉中的横线吗

插入页眉后，页眉中会出现一条多余的横线，且无法通过"Delete"键删除，为了文档的整洁美观，可以通过隐藏边框线的方法将其删除。

　　双击页眉/页脚处，进入页眉/页脚编辑状态，在页眉区中选中多余横线临近的段落标记↵，切换到"页面布局"选项卡，然后单击"页面背景"组中的"页面边框"按钮，弹出"边框和底纹"对话框，在"边框"选项卡的"设置"栏中选择"无"选项，设置完成后单击"确定"按钮即可。

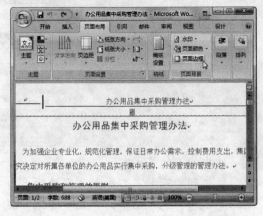 

10.5　典型实例——编辑"公司宣传"文档

　　本节将结合设置自选图形、文本框和图片等对象的应用，以及页面布局等相关知识点，练习编辑"公司宣传册"文档，具体操作步骤如下。

第1步：设置纸张方向

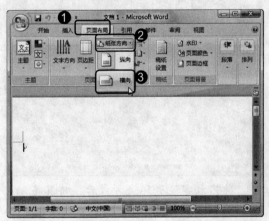

❶ 新建一篇 Word 文档，切换到"页面布局"选项卡。

❷ 单击"页面设置"组中的"纸张方向"按钮。

❸ 在弹出的下拉列表框中选择纸张方向，本例中选择"横向"。

第2步：设置页面颜色

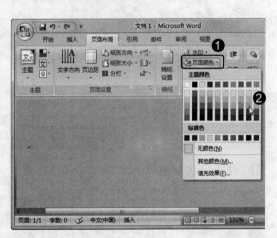

❶ 在"页面布局"选项卡"页面背景"组中，单击"页面颜色"按钮。

❷ 在弹出的下拉列表框中选择页面颜色。

第3步： 选择艺术字样式

❶ 切换到"插入"选项卡。

❷ 单击"文本"组中的"艺术字"按钮。

❸ 在弹出的下拉列表框中选择艺术字样
式。

第4步： 设置艺术字内容

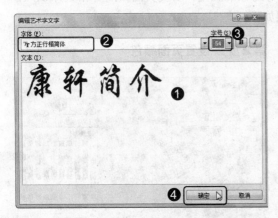

❶ 弹出"编辑艺术字文字"对话框，在
"文本"文本框中输入艺术字内容。

❷ 在"字体"下拉列表框中选择字体。

❸ 在"字号"下拉列表框中选择字号。

❹ 单击"确定"按钮。

第5步： 设置艺术字环绕方式

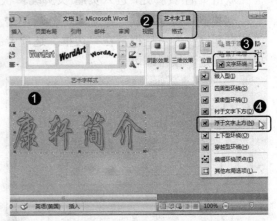

❶ 选中插入的艺术字。

❷ 切换到"艺术字工具/格式"选项卡。

❸ 单击"排列"组中的"文字环绕"按
钮。

❹ 在弹出的下拉列表框中选择环绕方
式。

第6步： 单击"剪贴画"按钮

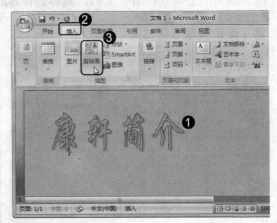

❶ 对艺术字设置环绕方式后，将其拖动
到合适的位置。

❷ 切换到"插入"选项卡。

❸ 单击"插图"组中的"剪贴画"按钮。

220

第7步：插入剪贴画

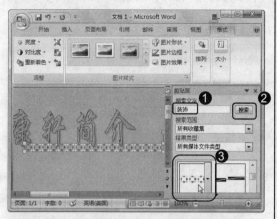

❶ 打开"剪贴画"窗格，在"搜索文字"
文本框中输入剪贴画类型。

❷ 单击"搜索"按钮。

❸ 在搜索结果中单击需要的剪贴画，将
其插入到文档中。

第8步：设置剪贴画

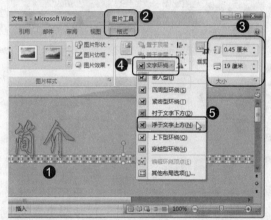

❶ 选中插入的剪贴画。

❷ 切换到"图片工具/格式"选项卡。

❸ 在"大小"组中设置剪贴画的大小。

❹ 单击"排列"组中的"文字环绕"按
钮。

❺ 在弹出的下拉列表框中选择环绕方
式。

第9步：拖动剪贴画

对剪贴画设置环绕方式后，将其拖动到合
适的位置。

第10步：插入文本框

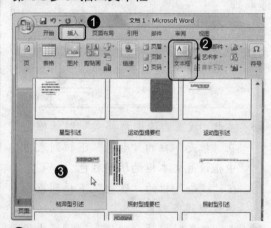

❶ 切换到"插入"选项卡。

❷ 单击"文本"组中的"文本框"按钮。

❸ 在弹出的下拉列表框中选择需要的文
本框样式。

第11步：设置文本框大小

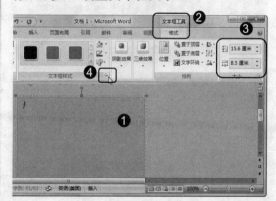

221

❶ 将文本框拖动到合适位置，并将其选中。

❷ 切换到"文本框工具/格式"选项卡。

❸ 在"大小"组中调整文本框的大小。

❹ 单击"文本框样式"组中的"功能扩展"按钮。

第12步：设置文本框格式

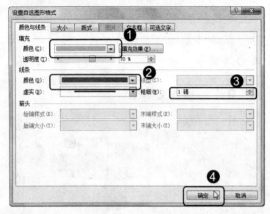

❶ 弹出"设置自选图形格式"对话框，在"填充"栏的"颜色"下拉列表框中框设置文本框的填充颜色。

❷ 在"线条"栏的"颜色"下拉列表框中设置线条颜色。

❸ 在"线条"栏的"磅值"微调框中设置线条粗细。

❹ 单击"确定"按钮。

第13步：输入内容

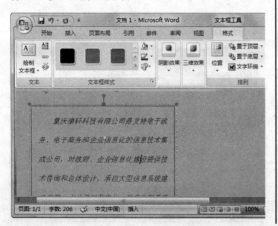

返回文档，在文本框中输入公司简介内容，并对其设置相应的格式。

第14步：单击"图片"按钮

❶ 切换到"插入"选项卡。

❷ 单击"插图"组中的"图片"按钮。

第15步：选择图片

❶ 在弹出的"插入图片"对话框中选择需要插入的图片。

❷ 单击"插入"按钮。

第16步：设置图片格式

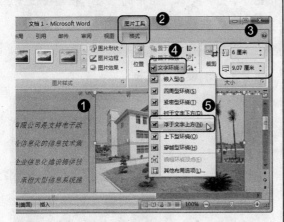

❶ 选中插入的图片。

❷ 切换到"图片工具/格式"选项卡。

❸ 在"大小"组中调整图片的大小。

❹ 单击"排列"组中的"文字环绕"按
　 钮。

❺ 在弹出的下拉列表框中选中环绕方
　 式。

第17步：调整图片位置

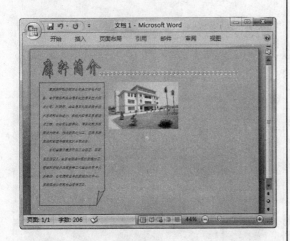

对图片设置环绕方式后，将其拖动到合适
位置。

第18步：插入并设置另一张图片

参照第14~17步的操作，插入一张"办公
环境"图片，并对其设置相应的格式。

第19步：插入自选图形

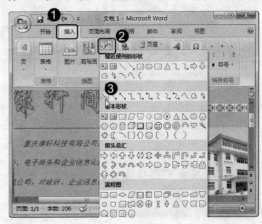

❶ 切换到"插入"选项卡。

❷ 单击"插图"组中的"形状"按钮。

❸ 在弹出的下拉列表框中选择绘图工具。

第20步：设置直线粗细

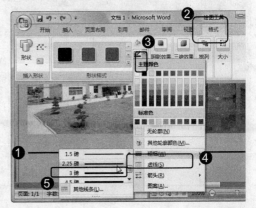

❶ 绘制好直线后将其选中。

❷ 切换到"绘图工具/格式"选项卡。

❸ 在"形状样式"组中单击"形状轮廓"按钮右侧的下三角按钮。

❹ 在弹出的下拉列表框中选择"粗细"选项。

❺ 在弹出的级联列表中选中直线粗细。

第21步：设置直线颜色

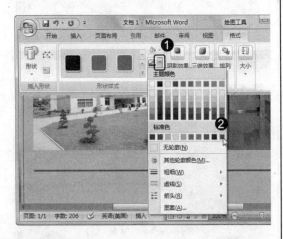

❶ 保持直线的选中状态，在"形状样式"组中单击"形状轮廓"按钮右侧的下三角按钮。

❷ 在弹出的下拉列表框中选择直线颜色。

第22步：插入文本框

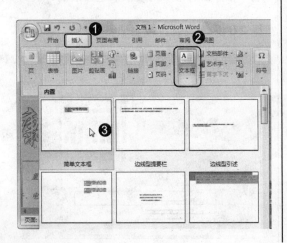

❶ 切换到"插入"选项卡。

❷ 单击"文本"组中的"文本框"按钮。

❸ 在弹出的下拉列表框中选择文本框样式。

第23步：设置文本框

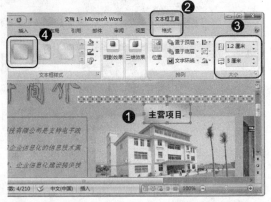

❶ 在文本框中输入内容并进行格式设置后将其选中。

❷ 切换到"文本框工具/格式"选项卡。

❸ 在"大小"组中调整文本框的大小。

❹ 在"文本框样式"组的样式库中选择文本框样式。

第24步：调整文本框位置

设置好文本框的格式后，将其拖动到合适的位置。

第25步：插入文本框

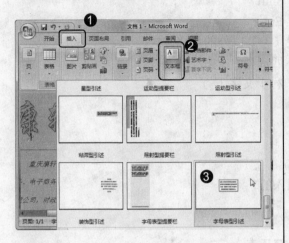

❶ 切换到"插入"选项卡。

❷ 单击"文本"组中的"文本框"按钮。

❸ 在弹出的下拉列表框中选择文本框样式。

第26步：设置文本框格式

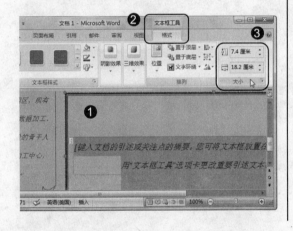

❶ 选中文本框。

❷ 切换到"文本框工具/格式"选项卡。

❸ 在"大小"组中调整文本框的大小。

第27步：输入文本框内容

设置好文本框的格式后，在其中输入内容并进行相应的格式设置。

第28步：最终效果

至此，完成了本例中"公司宣传"文档的制作。

10.6 课后练习

选择题

1. 对表格进行操作时，将光标插入点定位在某行最后一个单元格的外边，按下（ ）键可快速在该行的下方添加一行。

    A. Alt   B. Shift

    C. Ctrl   D. Enter

2. 绘制椭圆时，拖动鼠标的同时按住（　　），可以绘制出圆。

   A. Alt   B. Shift

   C. Ctrl   D. Enter

3. 对艺术字设置叠放次序前，需要设置（　　）以外的环绕方式。

   A. 嵌入型   B. 四周型

   C. 浮动文字上方   D. 衬于文字下方

简答题

1. 怎样在文档中插入电脑中的图片？

2. 怎样将文档中的图片"抠"出来？

3. 文档中的页眉、页脚和页码是怎样插入的？

实践操作题

1. 结合表格的使用，练习制作一张个人简历表。

2. 结合图形图像等对象的使用，练习制作一篇"假日促销活动"文档。